普通高等教育农业农村部"十三五"规划教材
全国高等农林院校"十三五"规划教材

# C语言程序设计教程

## 实验指导

吴国栋　主编

中国农业出版社

## 内容简介

本书是与吴国栋主编的《C语言程序设计教程》（中国农业出版社出版）配套使用的实验指导书。

全书共分两章：第1章为C语言编译环境及程序调试，主要介绍了Visual C++ 6.0集成开发环境下C程序调试的过程与方法。第2章为C语言程序设计实验，配合主教材的讲授，编写了11个同步上机实验。全部实验内容循序渐进，由浅入深，分别由基础性实验、提高性实验、综合性和设计性实验构成。

本书不仅可以作为《C语言程序设计教程》配套使用的实验指导书，也可作为计算机程序设计培训班上机实验教材或作为计算机程序设计人员自学的参考书。

# 编写人员名单

主　　编　吴国栋

副 主 编　王　艳　王永梅

编写人员（按姓氏笔画排序）

　　　　　丁春荣（安徽农业大学）

　　　　　王　艳（东北农业大学）

　　　　　王文艺（安徽农业大学经济技术学院）

　　　　　王永梅（安徽农业大学）

　　　　　牛彦明（山西农业大学）

　　　　　龙凤兰（安徽农业大学）

　　　　　孙　力（安徽农业大学）

　　　　　吴国栋（安徽农业大学）

　　　　　陈　卫（安徽农业大学）

　　　　　武志明（山西农业大学）

　　　　　袁　媛（安徽农业大学）

# 前　言

本书是与吴国栋主编的《C 语言程序设计教程》（中国农业出版社出版）配套的实验指导书。全书共分两章，主要内容有：

第 1 章 C 语言编译环境及程序调试。重点介绍了 Visual C++ 6.0 集成开发环境、C 程序调试过程与方法。

第 2 章 C 语言程序设计实验。上机操作是程序设计必不可少的实践环节，特别是 C 语言灵活、简洁，更需要通过上机编程、操作来真正掌握它。为了方便实验教学的展开并结合《C 语言程序设计教程》的内容和进度，本书安排了 11 个实验的上机操作。所有实验内容循序渐进，由浅入深；分别由基础性实验、提高性实验、综合性和设计性实验构成。

本书由吴国栋担任主编。第 1 章和实验 7 由王永梅编写，实验 1 和附录部分由孙力编写，实验 2 由王文艺编写，实验 3 由丁春荣编写，实验 4 由武志明编写，实验 5 由牛彦明编写，实验 6 由陈卫编写，实验 8 由袁媛编写，实验 9 由王艳编写，实验 10 由吴国栋编写，实验 11 由龙凤兰编写。全书由吴国栋统稿并定稿。

本书在编写过程中，得到了许多同志的大力支持和热情帮助，在此表示衷心的感谢！同时，编者参阅了大量的 C 语言程序设计的书籍和网上资源，在此，对他们的作者和提供者一并表示衷心的感谢。

由于编者水平有限，书中难免存在错误或疏漏之处，恳请读者批评指正。

编　者

2017 年 10 月

# 目　　录

# 第1章 C语言编译环境及 程序调试

目前主流开发工具很多,并且大多开发工具都适合多种语言的开发。同样,很多开发工具都能编写 C 语言。下面我们先来了解一下当下流行的 C 语言开发工具,并从中选择一款合适的开发工具作为本教材的开发环境。

## 1.1 集成开发环境介绍

### 1.1.1 主流开发工具介绍

C 语言程序有多种开发工具,选择合适的开发工具,可以提高程序编写的效率。

#### 1. Visual Studio

Visual Studio(简称 VS)是美国微软公司发布的集成开发环境。它包括了整个软件生命周期中所需要的大部分工具,如 UML 工具、代码管控工具、集成开发环境(IDE)等。所写的目标代码适用于微软支持的所有平台。Visual Studio 是目前最流行的 Windows 平台应用程序的集成开发环境。最新版本为 Visual Studio 2017 版本,基于 . NET Framework 4. 5. 2 。Mac 版 Visual Studio 于 2017 年 5 月 10 日正式推出。

#### 2. Codeblocks

Codeblocks 是一个免费的跨平台 IDE,它支持 C/C++和 Fortan 程序的开发。软件本身就是使用 C++开发的,有着快速的反应速度,而且体积也不大。

#### 3. Eclipse

Eclipse 是一个开放源代码的、基于 Java 的可扩展开发平台。就其本身而言,它只是一个框架和一组服务,用于通过插件组件构建开发环境。一开始 Eclipse 被设计为专门用于 Java 语言开发的 IDE,现在 Eclipse 已经可以用来开发 C、C++、Python 和 PHP 等众多语言。

#### 4. Vim

Vim 和其他 IDE 不同的是,它本身并不是一个用于开发计算机程序的 IDE,而是一款功能强大、高度可定制的文本编辑器,也是 UNIX 系统上 Vi 编辑器的升级版。Vim 和 Codeblocks 及 Eclipse 类似,也支持通过插件扩展自己的功能。Vim 不仅适用于编写程序,还适用于几乎所有需要文本编辑器的场合,因其强大的插件功能,以及高效方便的编辑特性,Vim 被称为"程序员的编辑器"。

## 1.1.2 Visual C++ 6.0 集成环境介绍

C 语言源程序必须经过某种编译工具翻译成机器语言才能在计算机上运行。随着程序编写规模的扩大,顺利编写出正确的程序绝非一件容易的事情,早期的许多编译工具仅仅提供翻译功能,已满足不了应用的要求,编程人员需要一种功能全面并高度集成的编译环境。

当今软件系统的开发重心已全部转移到了 Windows 平台上,所以我们选择了 Visual C++ 6.0 集成开发环境作为 C 语言程序设计实验课程的编译环境。Visual C++是微软公司提供的在 Windows 环境下进行应用程序开发的 C/C++编译器。由于 C++的基本语法语句是建立在 C 语言基础上的,因此,也可以用于 C 语言程序的开发。相比其他的编程工具而言,Visual C++在提供可视化编程方法的同时,也适用于编写直接对系统底层进行操作的程序。目前常用的版本是 Visual C++ 6.0,简称 VC 或者 VC++ 6.0。

Visual C++的安装可以通过安装盘上的安装向导来进行,过程简单,读者可以自行安装。

### 1. 打开 VC++集成环境

在开始菜单中用鼠标单击"Microsoft Visual C++ 6.0",如图 1-1-1 所示。

图 1-1-1　Microsoft Visual C++ 6.0 的启动

随后进入 VC++编辑窗口,如图 1-1-2 所示。

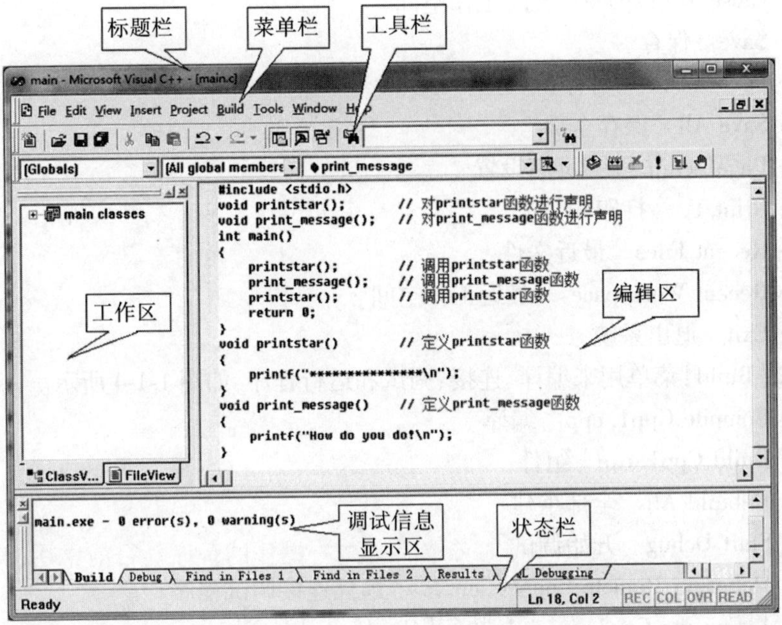

图 1-1-2　VC++编辑窗口

　　VC++编辑窗口和一般的 Windows 窗口并无太大的区别。它由标题栏、菜单栏、工具栏、工作区、编辑区、调试信息显示区和状态栏组成。在没有编辑文件的情况下工作区无信息显示,编辑区为深灰色。

**2. 菜单栏和工具栏**

　　由于 VC++能够编辑 C++程序,而 C++语言又是 C 语言的超集,功能比 C 语言强大得多,因此我们对菜单栏和工具栏上的功能只介绍与 C 编程相关的一小部分,其余与 C++有关的部分留给同学们自己去学习。

　　(1)菜单栏。VC++程序设计开发工具共有 9 个菜单,它们分别是【File】、【Edit】、【View】、【Insert】、【Project】、【Build】、【Tools】、【Window】和【Help】。我们在学习中将会使用【File】和【Build】下拉菜单的命令项,现介绍如下:

　　①【File】下拉菜单的各命令项子菜单,可用于文件的相关操作,如图 1-1-3 所示。

　　· New...　　新建文件

　　· Open...　　打开已有文件

　　· Close　　关闭文件

　　· Open Workspace...　　打开工作空间

· Save Workspace  保存工作空间

· Close Workspace  关闭工作空间

· Save  保存

· Save As...  另存为

· Save All  保存全部

· Page Setup...  页面设置

· Print...  打印

· Recent Files  最近文件

· Recent Workspaces  最近工作空间

· Exit  退出系统

②【Build】菜单用来编译、连接、调试和运行程序，如图 1-1-4 所示。

· Compile Cpp1. cpp  编译

· Build Cpp1. exe  组件

· Rebuild All  全部重建

· Start Debug  开始调试

· Debugger Remote Connection...  远程连接调试程序

· ! Execute Cpp1. exe  ! 执行［Cpp1. exe］

图 1-1-3  【File】菜单

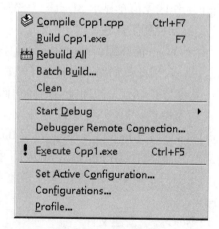

图 1-1-4  【Build】菜单

　　VC++菜单项还有很多，有的和我们学习的 Microsoft Office 软件的菜单功能相似，有的是初学者暂时不需要了解的内容，可在后续的实践中学习。

（2）工具栏。一般来说工具栏是菜单中命令项的快捷方式，所以工具栏中的工具一般都有相应的菜单命令项。现将主要的工具介绍如下：

①【Standard】工具栏用来建立项目工作区及项目，如图 1-1-5 所示。

将鼠标停在其中一个图标上，就能出现关于该图标功能的简单文字说明。下面从左到右依次介绍如下：

图 1-1-5　【Standard】工具栏

- New Text File　新建文本文件
- Open　打开文件
- Save　保存文件
- Save All　全部保存
- Cut　剪切
- Copy　复制
- Paste　粘贴
- Undo　撤销
- Redo　重做
- Workspace　显示/隐藏工作空间
- Output　显示/隐藏输出窗口
- Windows List　管理当前打开的窗口
- Find in Files　在多个文件中查找字符串
- Find　查找字符串
- Search　搜索联机文档

②【Build MiniBar】工具栏用来编译代码、连接目标文件和调试运行程序，如图 1-1-6 所示。

图 1-1-6　【Build MiniBar】工具栏

下面从左到右依次介绍如下：
- Compile　编译文件
- Build　建立项目

·Stop Build　停止建立

·Execute Program　运行程序

·Insert/Remove Breakpoint　插入或删除断点

## 1.1.3　在 Visual C++平台上运行 C 语言程序

用 VC++开发 C 语言程序有两种方法，即单文件程序方法和多文件程序方法。下面分别介绍在 Visual C++ 6.0 平台上运行这两类程序的方法。

### 1. 运行单文件程序

所谓单文件程序是指一个程序只由一个源文件组成，在初学 C 语言时，大多数情况下编写的程序都是这类程序。编辑、运行单文件程序的步骤如下：

【第 1 步】启动 VC ++ 6.0。

在开始菜单中用鼠标单击"Microsoft Visual C++ 6.0"，弹出 Visual C++ 6.0 的用户界面，如图 1-1-7 所示。

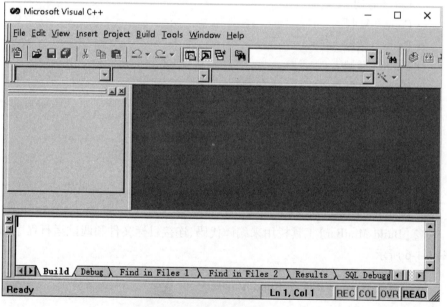

图 1-1-7　Visual C++ 6.0 用户界面

【第 2 步】新建/打开 C 语言程序文件。

选择【File】菜单的【New】菜单项，单击如图 1-1-8 所示的【Files】选项卡，选中【C++ Source File】，按【OK】然后在编辑窗口中输入程序。

如果程序已输入过，可选择【File】菜单的【Open】菜单项，并在查找范围中找到正确的文件夹，调入指定的 C 语言程序文件即可。

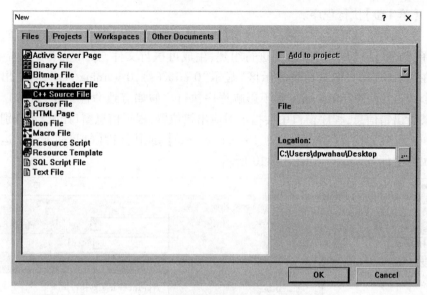

图 1-1-8　新建文件

**【第 3 步】**程序保存。

在打开的 VC++ 6.0 界面上,可直接在编辑窗口输入程序,由于完全是 Windows 界面,输入及修改可借助鼠标和菜单进行,十分方便。当输入结束后,保存文件时,要指定扩展名为“.c”,否则系统将按 C++ 扩展名“.cpp”保存,如图 1-1-9 所示。

图 1-1-9　指定保存文件名

【第4步】执行程序。

首先要生成可执行文件。先选择【Build】→【Compile】菜单项,进行编译,再选择【Build】→【Build】菜单项进行组建,生成可执行文件,如果程序没有错误,将在编辑窗口的"调试信息显示区"显示"0 error(s),0 warning(s)",有时出现几个警告性信息(warning),并不影响程序执行。假如有致命性错误(error),双击某行出错信息,程序窗口中会指示对应出错位置,根据信息窗口的提示分别予以纠正。最后选择【Build】→【! Execute cx. exe】(或快捷键【Ctrl】+【F5】),运行可执行文件"cx. exe",如图1-1-10所示。

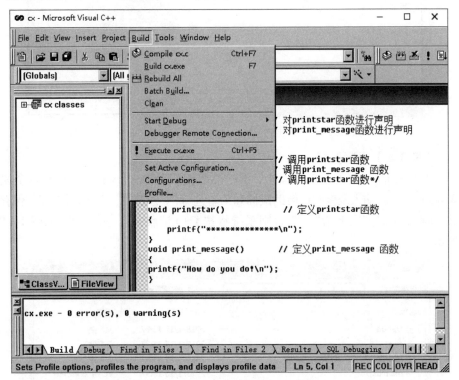

图1-1-10　编译、组建和运行窗口

当运行C语言程序后,VC++ 6.0将自动弹出数据输入输出窗口,如图1-1-11所示,按任意键将关闭该窗口。

对于编译、组建和运行操作,VC++ 6.0还提供了一组工具按钮,如图1-1-12所示。

【第5步】关闭程序工作区。

当一个程序编译连接后,VC++ 6.0系统自动产生相应的工作区,以完成程序的运行和调试。若想执行第二个程序时,必须关闭前一个程序的工作区,然后

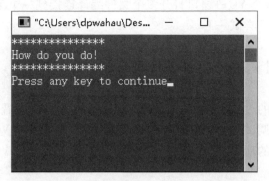

图 1-1-11   数据输入输出窗口

通过新的编译连接,产生第二个程序的
工作区。否则的话运行的将一直是前一
个程序。

　　【File】菜单提供关闭程序工作区功
能,如图 1-1-13（a）所示,执行【Close
Workspace】菜单功能,然后在图 1-1-13
（b）所示对话框中选择【否】,则只关闭

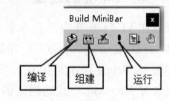

图 1-1-12   编译、组建和运行工具按钮组

工作区,不关闭编辑窗口。如果选择【是】,将同时关闭源程序窗口。

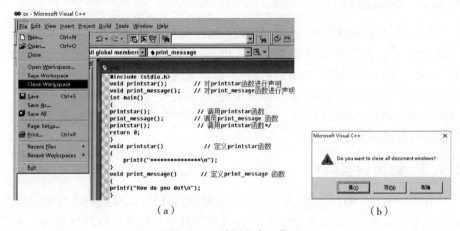

（a）　　　　　　　　　　　　　　　　　（b）

图 1-1-13   关闭程序工作区

## 2. 运行多文件程序

　　所谓多文件程序是指一个程序中至少包含两个文件,可以是两个以上文件
组成的一个程序。如果要同时运行多个含有 main 函数的文件,需要同时打开多
个 VC++窗口,分别编译到多个工程项目下。如果要运行含有一个 main 函数的

多个文件,则在一个 VC++窗口打开多个文件编译连接到一个工程项目下,有兴趣的同学可以自己尝试一下。

# 1.2　Visual C++ 6.0 调试工具

在开发程序的过程中,经常需要查找程序中的错误,这就需要利用调试工具辅助进行程序的调试。当然目前有许多调试工具,而集成在 VC++ 6.0 中的调试工具以其强大的功能,令许多使用者爱不释手。下面介绍 VC++ 6.0 中调试工具的使用。

## 1.2.1　调试环境的建立

每当在 VC++ 6.0 中建立一个工程(Project)时,VC++都会自动建立两个版本:Release 版本和 Debug 版本。Release 版本是当程序完成后,准备发行时用来编译的版本;Debug 版本是用在开发过程中进行调试时所用的版本。Debug 版本中包含着 Microsoft 格式的调试信息,不进行任何代码优化;而在 Release 版本中对可执行程序的二进制代码进行了优化,但是其中不包含任何调试信息。因此,在调试程序的时候必须使用 Debug 版本。

## 1.2.2　调试过程

调试,是当程序运行时,在某一阶段对程序运行状态的观测。一般情况下程序是连续运行的,要想观测程序运行的状态,必须使程序在某一点停下来。因此,必须设置断点,当程序再次运行时,可在设置的断点处停下来,再利用各种工具观察程序的状态。程序在断点停下来后,有时需要按照要求控制程序的运行,以进一步观测程序的流向。下面依次来介绍断点的设置、如何控制程序的运行以及如何使用各种观察工具。

## 1.2.3　如何设置断点

在 VC++ 6.0 中,可以设置多种类型的断点,我们可以根据断点起作用的方式将其分为 3 类:与位置有关的断点、与逻辑条件有关的断点以及与 Windows 消息有关的断点。

### 1. 与位置有关的断点

(1)最简单的是设置一般位置断点,只要把光标移到待设断点的位置(这一行必须包含一条有效语句),然后按快捷键【F9】,这时将会在屏幕上看到在这一行的左边出现一个红色的圆点,表示这行设立了一个断点。

（2）有时可能并不需要程序每次运行到这里都停下来，而是在满足一定条件时才停下来，这时就需要设置一种与位置有关的断点。要设置这种断点，只需要选择【Edit】→【Breakpoint】命令，这时"Breakpoints"对话框将会出现在屏幕上，选择该对话框中的"Location"标签，弹出"Location"页面，如图 1-2-1 所示。

单击【Condition】按钮，弹出"Breakpoint Condition"对话框，在"Enter the expression to be evaluated："编辑框中写出逻辑表达式，例如 x>=3，如图 1-2-2 所示，最后单击【OK】按钮返回。

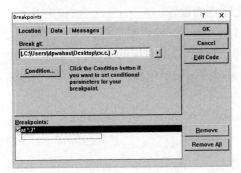
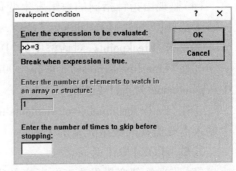

图 1-2-1　"Location"选项卡　　　　图 1-2-2　"Breakpoint Condition"对话框

这种断点主要是由其位置发生作用的，但也结合了逻辑条件，使之更灵活。

### 2. 与逻辑条件有关的断点

（1）逻辑条件触发断点的设置。

①选择【Edit】→【Breakpoint】命令，弹出"Breakpoints"对话框；

②单击该对话框中的"Data"标签，弹出"Data"页面；

③在该页面中的"Enter the expression to be evaluated："编辑框中写出逻辑表达式，例如 x=3；

④单击【OK】按钮返回。

其他几种断点设置的方法与之类似，下面一一加以说明。

（2）监视表达式发生变化断点的设置。

①选择【Edit】→【Breakpoint】命令，弹出"Breakpoints"对话框；

②单击"Breakpoints"对话框中的"Data"标签，弹出对应的页面；

③在"Enter the expression to be evaluated："编辑框中写出需要监视的表达式；

④单击【OK】按钮返回。

（3）监视数组发生变化断点的设置。

①选择【Edit】→【Breakpoint】命令,弹出"Breakpoints"对话框;

②单击"Breakpoints"对话框中的"Data"标签,弹出对应的页面;

③在"Enter the expression to be evaluated:"编辑框中写出需要监视的数组名;

④在"Enter the number of elements to watch in an array or structure:"编辑框中输入需要监视的数组元素的个数;

⑤单击【OK】按钮返回。

(4)监视由指针指向的数组发生变化断点的设置。

①选择【Edit】→【Breakpoint】命令,弹出"Breakpoints"对话框;

②单击"Breakpoints"对话框中的"Data"标签,弹出对应的页面;

③在"Enter the expression to be evaluated:"编辑框中输入"＊pointname",其中＊pointname 为指针变量名;

④在"Enter the number of elements to watch in an array or structure:"编辑框中输入需要监视的数组元素的个数;

⑤单击【OK】按钮返回。

(5)监视外部变量发生变化断点的设置。

①选择【Edit】→【Breakpoint】命令,弹出"Breakpoints"对话框;

②单击"Breakpoints"对话框中的"Data"标签,弹出对应的页面;

③在"Enter the expression to be evaluated:"编辑框中输入外部变量名;

④单击该编辑框右边的下拉箭头,选择【Advanced】选项,弹出"Advanced Breakpoint"对话框;

⑤在"Context"文本框中输入对应的函数名和文件名;

⑥单击【OK】按钮关闭"Advanced Breakpoint"对话框;

⑦单击【OK】按钮关闭"Breakpoints"对话框。

### 3. 与 Windows 消息有关的断点

断点的设置方法如下:

①选择【Edit】→【Breakpoint】命令,弹出"Breakpoints"对话框;

②单击"Breakpoints"对话框中的"Messages"标签,弹出对应的页面;

③在"Break at WndProc:"编辑框中输入 Windows 函数的名称;

④在"Set one breakpoint for each message to watch:"下拉列表框中选择对应的消息;

⑤单击【OK】按钮返回。

注意:此类断点只能在 x86 或 Pentium 系统中设置。

## 1.2.4　控制程序的运行

选择【Build】→【Start Debug】→【Go】命令,程序开始运行在 Debug 状态下,【Build】菜单变成【Debug】菜单,此时程序会因为断点而停顿下来,此时可以看到有一个小箭头,它指向即将执行的代码。

【Debug】菜单中有 4 条命令:Step Over、Step Into、Step Out、Run to Cursor,我们可以用这些命令来控制程序的运行。

其中:

Step Over 的功能是运行当前箭头指向的代码(只运行一条代码)。

Step Into 的功能是如果当前箭头所指的代码是一个函数的调用过程,则用 Step Into 进入该函数进行单步执行。

Step Out 的功能是如果当前箭头所指向的代码是在某一函数内,用它使程序运行至函数返回处。

Run to Cursor 的功能是使程序运行至光标所指的代码处。

## 1.2.5　常见编译错误

当用 Visual C++ 6.0 编译 C 语言时,常见的几种错误报告如下:

(1) fatal error C1083:Cannot open include file:' stdi. h ':No such file or directory

不能打开包含文件"stdi. h",没有这个文件或目录。

(2) fatal error C1004:unexpected end of file found '｝'

文件结束错误:有可能缺少"｝"。

(3) error C2018:unknown character ' 0xbc '

语法错误:有不认识的字符"0xbc"(可能是汉子或中文的标点符号)。

(4) error C2051:case expression not constant

语法错误:不是常量表达式,应该为常量表达式(一般出现在 switch 语句的 case 分支中)。

(5) error C2065:' n ':undeclared identifier

语法错误:标识符' n '未被定义或未被申明。

(6) error C2143:syntax error :missing ';' before ' switch '

语法错误:可能在"switch"前面缺少";"。

(7) error C2196:case value ' 10 ' already used

语法错误:值"10"已经用过,不能重复(一般出现在 switch 语句的 case 分支中)。

(8) error C2198：' swap ' : too few actual parameters

语法错误：调用函数"swap"时，实参个数和形参个数不一致。

(9) error C2082：redefinition of formal parameter ' x '

语法错误：函数的参数"x"，在函数体中被重新定义了。

# 第2章　C语言程序设计实验

C语言程序设计实践性很强,学习C语言的目的不仅仅是了解语法结构、掌握程序设计方法、看懂C语言程序例题,更重要的是应用基本技术解决实际问题,从而更好地掌握C语言程序设计的全过程,不断提高程序设计的能力。要多动手去做实验,学会独立上机调试程序。C语言灵活、简洁,更需要通过一定课时的编程实践来不断理解它,真正掌握它。

## 实验1　C语言程序设计初步

### 一、实验目的与要求

1. 熟悉C语言编程及运行环境。
2. 掌握C语言程序设计的基本步骤。
3. 掌握C语言程序的书写格式及C语言程序的基本结构。
4. 了解程序调试过程,初步尝试修改C语言程序中的语法错误。

### 二、实验内容与步骤

【实验1-1】C语言程序设计初步阅读

1. 输入并运行一个简单程序,熟悉并掌握 Visual C++ 6.0 集成开发环境。

(1)在 Visual C++ 6.0 集成开发平台上,输入如下程序:

```
#include <stdio. h>
int main( )
{
    printf ("Happy learning! \n") ; //在屏幕上输出
    return 0;
}
```

(2)实验步骤。

①双击桌面上的"Microsoft Visual C++ 6.0"图标,出现如图 2-1-1 所示的 Microsoft Visual C++ 6.0 界面。

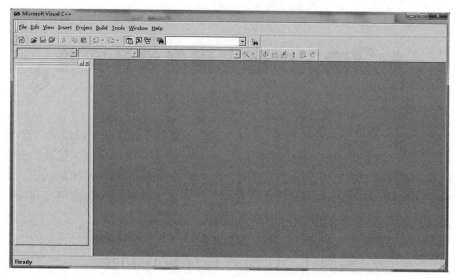

图 2-1-1    Microsoft Visual C++ 6.0 界面

②从【File】菜单中选择【New】命令,弹出"New"对话框,从中选择【Files】选项卡,选择【C++ Source File】选项,如图 2-1-2 所示。

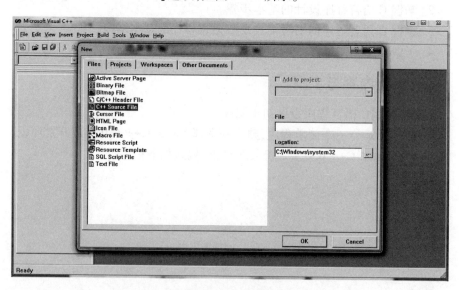

图 2-1-2    "New"对话框

③在"New"对话框中,单击"Location"文本框右侧 按钮,弹出如图 2-1-3 所示的"Choose Directory"对话框,输入 C 源程序存放的路径及文件夹名:"C:\C 实验",单击【OK】按钮返回"New"对话框。

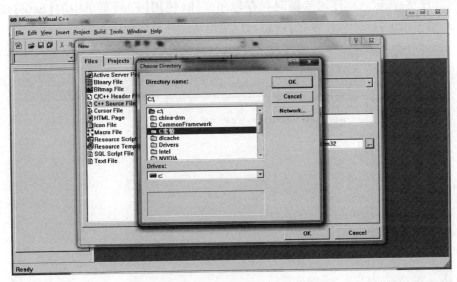

图 2-1-3　"Choose Directory"对话框

④在"New"对话框的"File"文本框中输入"c1. c"（表示以 c1. c 文件存放当前程序），如图 2-1-4 所示，单击【OK】按钮返回（建议加上 . c 扩展名，否则默认为 C++的扩展名 . cpp）。

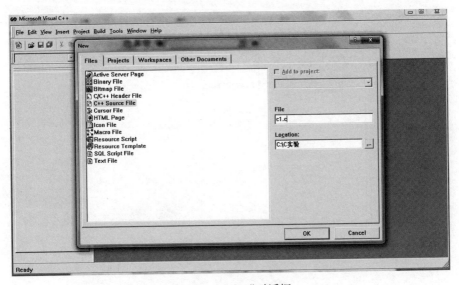

图 2-1-4　"New"对话框

⑤在弹出的 c1. c 编辑窗口中输入程序，如图 2-1-5 所示。

注意:在输入程序时要随时保存程序文件(使用【File】菜单中的【Save】命令,或单击工具栏中的【保存】按钮),以免出现意外导致程序丢失。

图 2-1-5 "c1.c"编辑窗口

⑥程序输入完毕,选择【Build】→【Compile c1.c】命令,如图 2-1-6 所示,在弹出的提示框中选择【Yes】,产生了可执行文件 c1.exe。

图 2-1-6 选择【Build】→【Compile c1.c】命令

⑦选择【Build】→【Execute c1.exe】命令,如图 2-1-7 所示,执行该程序。

图 2-1-7　选择【Build】→【Execute c1. exe】命令

⑧程序执行后,弹出输出结果窗口,如图 2-1-8 所示。按任一键,可从输出结果窗口返回到编辑窗口(图 2-1-5)。

图 2-1-8　c1. exe 执行后输出结果窗口

2. 请在 Visual C++ 6.0 集成开发平台上输入、运行并显示:"祝你学好 C

语言!"。

**【实验 1-2】**简单的 C 语言程序的修改与调试

（1）输入并编辑一个有错误的 C 语言程序。

下面的程序是配套教材第 1 章的例 1.2,但故意漏输入或错输入一些字符,请调试该程序,使之正确运行。

```
#include <stdio. h>
    int main( )                        //主函数
    {
        int age( int x) ;              //对函数 age 的声明
        int i,j                        //这是声明部分,定义变量 i,j 为整型
        scanf( "%d" ,&i) ;            //从键盘上接收变量 i 的值
        j=age( i) ;                    //调用 age 函数,并将得到的返回值赋给变量
        printf( "age=%d\n" ,j) ;       //在屏幕上输出某人的年龄值( j 值)
        return 0;
    }
    int age( int x)                    //定义 age 函数,函数值为整型,形式参数 x 为整型
    {
        int z                          //这是声明部分,定义变量 z 为整型
        if( x= =1) z=20;              //如果 x=1,则 z=20
        else z=age( x-1) +3;          //否则,利用递归法计算某人年龄
        return( z)      //将 z 值( 某人年龄) 返回给主函数中调用函数的变量
    }
```

（2）实验步骤。

①直接对上述程序进行编译操作:单击"Build"→"Compile"命令,观察信息输出窗口给出的提示信息,可能显示有多个错误。

②根据提示信息,修改程序中的错误,再重新进行编译,直到没有错误信息提示,请与教材上的例 1.2 对照,确保程序输入正确。

③对生成的目标文件进行连接操作:单击"Build"→"Build x. exe"命令。观察信息输出窗口给出的提示信息,如果有错误,对错误进行修改,再重新进行连接操作,直到没有错误信息提示。

④运行程序,观察结果。

**【实验 1-3】**简单的 C 语言程序设计填空

请编写程序:求两个数之和,并在屏幕上显示输出结果。

```
#include <stdio. h>
int main( )            //求两数之和
{
    int a,b,sum;    //声明,定义变量为整型
    a=987;b=654;    //给变量 a,b 赋值
    sum=a+b;        //求和
    printf ("sum=%d\n",_____); //在屏幕上输出结果
    return 0;
}
```

【实验 1-4】综合、设计性实验

请编写程序:实现从键盘上输入 3 个数,找出其中最小值,显示输出。

分析与提示:在编制程序的过程中,需注意以下几点。

(1)变量的定义和使用。参考教材"2.1.2 变量"一节中的内容。

(2)格式输入函数(scanf)和输出函数(printf)的使用,分别参考教材"3.3.2 格式输入函数 scanf( )"及"3.3.1 格式输出函数 printf( )"。if 语句的使用,参考教材"4.1 if 语句"中的内容。

# 实验 2　数据类型、运算符和表达式

## 一、实验目的与要求

1. 掌握 C 语言基本数据类型的常量和变量在程序中的用法,特别是变量"先定义,后使用"的编程规则。

2. 掌握不同类型数据进行运算时系统的处理方法。

3. 学习使用 C 语言常用的运算符,以及由这些运算符构成的表达式;掌握各种表达式的求值特点,理解运算符的优先级与结合性。特别是自加(++)和自减(--)运算符的使用。

4. 掌握一些常用数学函数在程序中的用法。

5. 进一步熟悉 C 程序的编辑、编译、连接和运行的过程。

## 二、实验内容与步骤

【实验 2-1】常量与变量

1. 常量。

(1)下面程序的功能是求半径为 50 的球的表面积和体积(注意符号常量的使用)。

```
#include <stdio. h>
#define PI 3. 14     //符号常量
int main( )
{
    int r = 50;
    float s,v;
    s = 4 * PI * r * r;
    v = 4 * PI * r * r * r/3;
    printf("球的表面积是:%f\n",s);
    printf("球的体积是:%f\n",v);
    return 0;
}
```

(2)实验分析及步骤(操作步骤之间可视为无必然联系)。

①程序中定义了整型变量 r,并赋常量值为 50;定义实型变量 s、v,用来存储

程序第 7 行和第 8 行的表面积和体积的值。

提示：注意符号常量的定义方法，在定义时末尾不能加"；"。

②在第 7 行前增加一行：PI＝3.1416，再次运行程序，观察运行结果。

提示：此步骤的目的是通过赋值语句为 PI 重新赋值，但在程序编译时会发生错误："error C2106：'='：left operand must be l-value"，这是因为 PI 为符号常量，在程序运行过程中其值保持不变，也就是说符号常量一旦定义，不可以再重新赋值。

③将第 2 行修改为：#define PI 3.1416，再次运行程序，观察运行结果。

提示：通过程序运行结果可以看出，程序中所有 PI 的值都为 3.1416，也就是说，当需要修改符号常量的值时，只需修改符号常量的定义，就可以实现该值的统一修改，既方便又不易出错，同时还能够提高程序的可读性。

2. 变量。

（1）请输入并运行下面的程序，注意变量定义与赋值。

```c
#include <stdio.h>
int main()
{
    char c='A';        //定义字符型变量并赋值
    int a=4,b=6,m,n;   //定义三个整型变量并同时给其中一些变量赋值
    float x,y;         //定义两个单精度实型变量
    x=2.5;             //使用赋值语句赋初值
    y=2.5;             //使用赋值语句赋初值
    m=c-a;
    printf("%d  %d  %d\n",a,b,m);
    printf("%f  %f",x,y);
    return 0;
}
```

（2）实验步骤。

①运行程序，观察输出结果。理解第 10 行的输出结果，表示整型和字符型可以进行正确运算。

②删除第 7 行和第 8 行，将第 6 行修改为 float x=y=1.5;，再次运行程序，观察运行结果。

提示：此步骤的目的是实现变量在定义的同时赋初值，但这种表示方法是不对的，C 语言规定，在变量定义时不允许连续赋值，若在定义时赋初值，则应修改

为 float x = 1.5,y = 1.5;。

③在第 10 行前增加一行:printf("%d\n",n);,再次运行程序,观察运行结果。

提示:从结果中可以看出 n 值是一个无法预料的值,这是因为变量 n 虽然已经定义但并没有为其赋初值,程序编译时会出现警告:"warning C4700: local variable 'n' used without having been initialized",也就是说,变量在使用前要赋初值。

④将第 10 行修改为 printf("%f  %f",x,Y);,再次运行程序,观察运行结果。

提示:在程序编译时会出现错误"'Y': undeclared identifier",这是因为在 C 语言中是严格区分大小写的,变量 y 和 Y 被视为两个不同的变量,由于变量 Y 没有定义,所以就会出现上述错误提示。

【实验 2-2】熟悉运算符的优先级、结合性和强制类型转换的用法

(1)请输入并运行下面的程序。

```
#include <stdio. h>
int main( )
{
    int c1 = 100,c2;
    float c3 = 300. 25;
    c2 = 200;
    printf("%d" ,++c1 * 2-c2--%_____ c3);
    return 0;
}
```

(2)实验分析及步骤。

①先将程序中横线部分填上必要的内容,然后运行程序,观察输出结果。

②在 printf 函数的输出表达式中用到了自增自减运算符(++和--)、乘法运算符(∗)、减法运算符(-)、求余运算符(%)。其中自增自减运算符优先级别最高,且是右结合运算符,其次是乘法运算符和求余运算符,最后是减法运算符,它们都是左结合运算符。

③由于自增自减运算符优先级高,所以输出函数 printf 函数中的++c1 和 c2--会先进行运算,根据求值特点,此时表达式相当于求"101 ∗ 2-200%_____ c3",接下来乘法运算符和求余运算符参与运算,即表达式等价于"202-200%_____ c3"。

④根据求余运算符的运算规则,要求符号两边均为整数,而变量 c3 为实数,

所以需强制转换为整数,即横线上填上(int),此时表达式相当于"101 * 2 - 200%(int)c3",由于强制转换运算符的优先级高,且为右结合性,表达式等价于 "101 * 2 - 200%300";减法的优先级低于乘法和求余运算符,所以表达式等价于 "202 - 200",因此表达式的运算结果为 2。

**【实验 2-3】运算符与表达式**

1. 自增、自减运算符与表达式。

(1)请输入并运行下面的程序。

```c
#include <stdio. h>
int main( )
{
    int i,j,m,n;
    i=2;
    j=5;
    m=++i;
    n=j++;
    printf(" %d,%d,%d,%d\n",i,j,m,n);
    return 0;
}
```

(2)实验步骤。

①运行程序,观察输出结果,注意 i、j、m、n 各变量的值。

②将第 7 行和第 8 行改为:

m=i++;

n=++j;

然后编译和运行,分析结果。

③程序改为:

```c
#include <stdio. h>
int main( )
{
    int i,j;
    i=2;
    j=5;
    printf(" %d,%d\n",i++,j++);
    return 0;
}
```

然后编译和运行,分析结果。

④在③的基础上,将 printf 语句改为:

printf("%d,%d\n",++i,++j);

然后编译和运行,分析结果。

⑤再将 printf 语句改为:

printf("%d,%d,%d,%d,\n",i,j,i++,j++);

然后编译和运行,分析结果。

2. 算术运算、关系运算和逻辑运算及其表达式。

(1)请输入并运行下面的程序。

```
#include <stdio. h>
int main( )
{
    int a,b,c,d,x,y;
    a=7;b=2;c=-2;d=-7;
    printf("%d\n",a/b);
    printf("%d\n",a%b);
    x=a-=b*=c+=d-4;    //算术运算
    printf("x=%d\n",x);
    y=a>b&&c<=d||a!=0;     //关系运算和逻辑运算
    printf("y=%d\n",y);
    return 0;
}
```

(2)实验步骤。

①运行程序,观察输出结果。

②在第 8 行前增加 3 行:

printf("%d\n",a%c);
printf("%d\n",d%b);
printf("%d\n",d%c);

再次运行程序,观察运行结果,从中得出什么结论?

提示:取模运算后的符号与操作数(被除数、除数)的符号有关,结果的符号与被除数的符号相同。

③将第 8 行和第 9 行修改为:

```
a+=a*=a/=a;
printf("a=%d\n",a);
```

再次运行程序,观察运行结果。

④将第 10 行修改为:

```
y='a'=='A'||'a'>'A'&&a>b!=-c<0;
```

运行程序,观察运行结果。

再将该行修改为:

```
y='a'='A'||'a'>'A'&&a>b!=-c<0;
```

运行程序,观察运行结果。

提示:表达式为关系运算和逻辑运算的混合运算,修改后的表达式等价于 ('a'=='A')||('a'>'A')&&((a>b)!=(-c<0));。而将表达式去掉一个 "="后,程序在编译时将出现错误"error C2106: '=': left operand must be l-value",这是因为"="是赋值运算符,而"=="是等于运算符。

3. 位运算、逗号运算和求字节数运算及表达式。

(1)请输入并运行下面的程序。

```
#include <stdio.h>
int main()
{
    int a,b,c,d,x,y,z;
    int i,j;
    char ch;
    a=92;b=58;
    x=2;y=6;
    ch='B';
    c=a&b;          //按位与
    d=a|b;          //按位或
    printf("c=%d\n",c);
    printf("d=%d\n",d);
    printf("%d\n",(i=3,i++,j=4,j++));    //逗号运算符
    printf("%d\n",sizeof(i));    //求字节数运算符
    return 0;
}
```

(2)实验步骤。

①运行程序,观察输出结果。

②将第 10 行修改为:

c=ch&b;

运行程序,观察运行结果。

提示:按位与运算,这里 ch 为字符型变量,b 为整型变量,在进行按位与运算时,转换成二进制进行运算,ch&b 就相当于如下运算:

```
      0100 0010
&     0011 1010
```

③将第 11 行依次修改为:

d=a^b;

d=~b;

运行程序,观察运行结果。

提示:按位异或和按位取反运算,其中按位取反运算符为单目运算符。

④在第 12 行前增加两行:

z=(x>y)? a:b;

printf("z=%d\n",z);

运行程序,观察运行结果。

提示:条件表达式运算,条件运算符是 C 语言唯一的三目运算符,使用条件表达式可以简化程序。

⑤将第 13 行修改为:

printf("%d %d\n",b<<1,b);

运行程序,观察运行结果。

提示:按位移位运算,从运行结果看,一个数左移 1 位相当于该数乘以 2,但移位运算并不改变变量原有的值。

⑥将第 14 行修改为:

printf("%d\n",((i=2*3,i*4),i+30));

运行程序,观察运行结果。

提示:逗号表达式嵌套运算,程序运行的输出结果可能与人工分析的存在差异,逗号表达式的值为最后一个表达式的值,但逗号运算符同样不改变变量原有的值。

⑦将第 15 行修改为:

printf("%d\n",sizeof(float)(i));

运行程序,观察运行结果。

再将该行修改为：

printf("%d\n",sizeof(2.38));

运行程序,观察运行结果。

提示:求字节数运算符,不同类型的数据占用的内存空间不同,语句 printf("%d\n",sizeof(float)(i));输出强制转换为 float 型变量所占用空间的字节数,对于语句 printf("%d\n",sizeof(2.38));,从运行结果看,输出结果为 double 型数值,而不是 float 型。

**【实验 2-4】提高性实验**

1. 数据类型的强制转换。

(1)编写程序,分别求两个实数的整数部分与小数部分之和。

(2)实验步骤。

①按照题目要求进行变量定义。

②分别求出两个实数的整数部分和小数部分,并分别求和存放于 int 变量和 double 变量中。

分析与提示:程序关键在于整数部分和小数部分的提取,对于实数的整数部分,可以利用数据类型强制转换求得;当整数部分计算得出后,对于小数部分来说,很容易即可求得,只要用实数本身减去整数部分,即可求得小数部分。

③运行程序,观察运行结果。

程序部分参考代码:

```
double a,b;    //实型变量,但没有赋初值
int zs;        //int 型变量,存储整数部分之和
double xs;     //double 型变量,存储小数部分之和
zs=(int)a+(int)b;
xs=(a-(int)a)+(b-(int)b);
```

④将上面代码段中最后一行改为"xs=(a+b)-(int)a-(int)b;",观察运行结果有什么变化,并分析变化原因。

2. 算术运算符与算术表达式。

(1)编写程序,从键盘输入一个以秒为单位的时间值(如 10000s),将其转化为以时、分、秒表示的时间值并输出。

(2)实验步骤。

①按照题目要求进行变量定义,变量名应见名知义。

②利用算术表达式计算出时、分、秒。

分析与提示:程序的关键在于如何计算出时、分、秒,可以利用数学运算符

"%"和"/"来实现,即通过取整和取模运算来实现。时,可以通过该时间值除3600 取整数来求得;分,只需取出该时间值不足小时的部分再对 60 取整就能够求得;秒,只需要对上面取余数即可。

③运行程序,观察运行结果。

```
#include <stdio. h>
int main( )
{
    int t,h,m,s;
    printf("请输入一个以秒为单位的时间值:");
    scanf("t=%d ",&t);
    h=t/3600;
    m=t%3600/60;
    s=t%3600%60;
    printf("h=%d 时,m=%d 分,s=%d 秒\n",h,m,s);
    return 0;
}
```

3. 关系运算符、条件运算符和逻辑运算符。

(1)编写程序,从键盘输入两个整数,求其最小值。

(2)实验步骤。

①按照题目要求进行变量定义。

②利用相应的运算符按照要求做相应处理。

③运行程序,观察运行结果。

程序的参考代码段:

```
int a,b,min;
scanf("%d%d",&a,&b);
min=(a<b)? a:b;
```

4. 数学表达式的 C 程序实现。

(1)编写程序,实现从键盘输入两个实数,计算算术表达式 $\cos(\frac{\pi}{3}) + \frac{2\sqrt{x + 2x^y}}{x - y}$ 的值。

(2)实验步骤。

①按照题目要求进行变量定义。

②将数学表达式转换成 C 程序能够识别的算术表达式。

分析与提示：程序重在考察 C 程序的运算符和表达式，表达式中含有数学运算函数，所以，在主函数 main( )前要将数学函数的头文件包含进来。

③运行程序，观察运行结果。

程序的参考代码如下：

```c
#include <stdio. h>
#include <math. h>
#define PI 3. 14
int main( )
{
    float x,y,z;
    printf("请输入实型变量 x 和 y 的值,x 不等于 y:\n");
    scanf("%f %f",&x,&y);
    z=cos(PI/3)+2*sqrt(x+2*pow(x,y))/(x-y);
    printf("z=%f\n",z);
    return 0;
}
```

【实验 2-5】综合、设计性实验

1. 实验要求。

编写程序实现下面的功能：从键盘输入一个四位数的整数 abcd（各位都不为 0），分别取出该四位数的千位数 a、百位数 b、十位数 c 和个位数 d，将个位与千位重组成一个新的十位数 da，新十位数的十位数字是原四位数的个位数字，将十位与百位重组成一个新的十位数 cb，新十位数的十位数字是原四位数的十位数字，再计算两个十位数的差 da-cb。

2. 分析与提示。

可按照下面的顺序来完成任务：首先取出四位数的每位数字，并保存到整型变量中，然后将四位数字按照要求进行重组，最后计算两个十位数的差。

程序的参考代码如下：

```c
#include <stdio. h>
int main( )
{
    int x,a,b,c,d,da,cb;
    printf("请输入一个四位整数:");
    scanf("%d",&x);
```

```
a=x/1000;   //千位数字
b=x%1000/100;  //百位数字
c=x%100/10;  //十位数字
d=x%10;     //个位数字
printf("\na=%d,b=%d,c=%d,d=%d",a,b,c,d);
da=d*10+a; //新的十位数字
cb=c*10+b; //新的十位数字
printf("\n两个十位数的差是:%d",da-cb);
return 0;
}
```

# 实验 3　顺序结构程序设计

## 一、实验目的与要求

1. 熟悉 C 程序的语句并能在编程中熟练应用。
2. 掌握格式输入输出函数的用法,能正确使用各种格式控制符。
3. 掌握各类数据输入输出的实现方法。
4. 掌握顺序结构程序的设计、编写与调试方法。

## 二、实验内容与步骤

【实验 3-1】顺序结构程序阅读

阅读下面程序,先判断结果,再运行程序并输入数据,验证判断的正误。

1. 假定从键盘输入"3,4<回车>",下面程序的输出结果是＿＿＿＿＿＿＿＿。

```
#include <stdio. h >
#include <math. h>
#define PI 3. 14
int main( )
{
    double r,h,l,v,s;
    printf("input r and h:") ;
    scanf("%lf,%lf" ,&r,&h) ;
    v=PI * r * r * h/3;
    l=sqrt(r * r+h * h) ;
    s=PI * r * l;
    printf("v=%lf\ts=%lf\n" ,v,s) ;
    return 0;
}
```

提示:调用数学函数时需要包含 math. h 头文件,注意符号常量 PI 的定义以及输入输出函数的使用格式。

请试着进行以下修改:

(1)将 scanf("%lf,%lf" ,&r,&h) ;改为 scanf("%f,%f" ,&r,&h) ;,观察运行结果,并思考为什么会这样。

(2)将 printf("v=%lf\ts=%lf\n" ,v,s) ;改为 printf("v=%7. 3lf\ts=%7. 3lf\

n",v,s);,观察运行结果。

2. 假定从键盘输入"ab<回车>",下面程序的输出结果是＿＿＿＿＿＿＿＿。

```
#include <stdio.h>
int main( )
{   char c1,c2;
    c1 = getchar( );
    c2 = getchar( );
    putchar(c1);
    putchar(c2);
    return 0;
}
```

提示:在 C 语言中,整数也可以用字符格式(%c)输出,而字符数据也可以用整数格式(%d)输出。将整数用字符形式输出时,系统首先求该整数与 256 的余数,然后将余数作为 ASCII 码值,转换成相应的字符后再输出字符。

请试着进行以下修改:

(1)在程序最后加入 printf("%d,%d\n",c1,c2);,观察运行结果。

(2)将 char c1,c2;改为 int c1,c2;,观察运行结果。

(3)若输入为"a,b<回车>"观察运行结果。

(4)将 c1 = getchar( );c2 = getchar( );改为 scanf("%c,%c",&c1,&c2);,若输入"a,b<回车>",观察输出结果;若输入为"300,400<回车>",观察输出结果。

3. 假定从键盘输入"34,56<回车>a,b<回车>",下面程序的输出结果是＿＿＿＿＿＿＿＿。

```
#include <stdio.h>
int main( )
{   int a,b;
    char c,d;
    scanf("%d,%d\n",&a,&b);
    scanf("%c,%c",&c,&d);
    printf("%d,%d,%c,%c\n",a,b,c,d);
    return 0;
}
```

提示:注意 scanf 函数与 printf 函数的使用格式。

请试着进行以下修改：

(1)如果去除 scanf("%d,%d\n",&a,&b);语句中的"\n"，程序的输出结果又是什么？如果不对,又该如何修改程序？

(2)如果将 printf("%d,%d,%c,%c\n",a,b,c,d);改为 printf("%c,%c,%d,%d\n",a,b,c,d);,程序的输出结果又是什么？ 思考一下为什么会这样。

4. 下面程序的输出结果是_____。

```c
#include <stdio. h>
int main( )
{    printf("\n");
     printf("%10s%10s\n","china","Beijing");
     printf("%-10s%-10s\n","china","Beijing");
     printf("%10.3s\n","china");
     return 0;
}
```

提示:通过此例掌握字符串格式控制符的用法。

5. 下面程序的输出结果是_____。

```c
#include <stdio. h>
int main( )
{    int a,c;
     unsigned d;
     float b,e;
     double f=10. 0;
     a=3. 5+3/2;
     b=23;
     c='\xe0';
     d=-1;
     e=2. 555555555;
     printf ("%d,%f,%x,%u,%f,%lf",a,b,c,d,e,f);
     return 0;
}
```

提示:注意从输出结果中认识到各种数据类型在内存中的存储方式。

6. 下面程序的输出结果是_____。

```c
#include <stdio.h>
int main( )
{   int a,b;
    float d,e;
    char c1,c2;
    double f,g;
    long m,n;
    unsigned short p,q;
    a=61;b=62;
    f=3157.8901121;g=0.12345678;
    m=50000;n=-60000;
    p=32768;q=65536;
    printf("a=%d,b=%d\nc1=%c,c2=%c\n",a,b,c1,c2);
    printf("d=%6.2f,e=%6.2f\n",d,e);
    printf("f=%15.6f,g=%15.12f\n",f,g);
    printf("m=%ld,n=%ld\np=%u,q=%u\n",m,n,p,q);
    return 0;
}
```

提示:在输出结果中 c1,c2 变量未赋值,系统以"?"形式输出,d,e 变量未赋值,系统以任意数输出,并严格按照输出要求的格式;q 变量赋值超出有效范围,所以输出 0。

**【实验 3-2】**顺序结构程序的修改与调试

1. 编写程序,输入三角形的边长,求三角形面积。

实验步骤:

(1)设计程序结构,参考以下伪代码。

```c
#include <...>          //包含所需的头文件
int main( )
{
    定义变量;
    提示并接收输入三角形的边长;
    利用公式 area=sqrt(s*(s-a)*(s-b)*(s-c))求三角形面积;
    显示计算结果;
    return 0;
}
```

(2)根据题目要求确定变量的个数,定义变量,然后输入变量的值,分析所需程序结构类型,写出完整的程序代码。

(3)编译运行程序,输入有效的三条边长,观察结果并判断正误,如有错误请改正,直到正确为止。

下面给出参考程序代码:

```
#include <stdio. h>
int main( )
{
    double a,b,c,s,area;
    printf("请输入有效的三边长:\n");
    scanf("%f,%f,%f",&a,&b,&c);
    s=1/2*(a+b+c);
    area=sqrt(s*(s-a)*(s-b)*(s-c));
    printf("%d",area);
    return 0;
}
```

提示:在调试程序的过程中,要注意 scanf 和 C 语言里面除法运算符"/"的使用方法,找出程序中的错误并加以改正。

2. 编写程序,计算商品折扣后的价格及折扣金额。

实验步骤:

(1)设计程序结构,参考以下伪代码。

```
#include <...> //包含所需的头文件
int main( )
{
    定义变量;
    提示并输入商品的原价数据;
    提示并输入商品的折扣率;
    计算折扣后价格:折后价格=原价*折扣率;
    计算折扣金额:折扣金额=原价*(1-折扣率)
    输出结果;
    return 0;
}
```

(2)根据题目要求确定变量的个数,定义变量,然后输入变量的值,分析所需的程序结构,写出完整的程序代码。

(3)编译运行程序,输入原价和折扣率,观察结果并判断正误,如有错误请改正,直到正确为止。

下面给出参考程序代码:

```
#include <stdio. h>
int main( )
{
    float price_a,price_b,d,save;
    printf("请输入商品原价:");
    scanf("%f",price_a);
    printf("请输入折扣率:");
    scanf("%f",d);
    price_b=price_a * d;
    save=price_a-price_b;
    printf("商品原价:%. 2f 元\n",price_a);
    printf("本商品打%. 2f 折\n",d);
    printf("商品折扣价:%. 2f 元\n",price_b);
    printf("给您节省:%. 2f 元\n",save);
    return 0;
}
```

提示:编写程序时注意不同类型数据的输入与输出。在调试程序的过程中,折扣率需输入 0~1 之间的数,找出程序中存在的错误并加以改正。

【实验3-3】顺序结构程序填空

1. 从键盘输入两个实数,编写程序将其整数部分交换后输出。例如 23.45 与 76.89 交换后变成 76.45 和 23.89。

(1)分析与提示。计算一个实数的整数部分要用到强制类型转换,如(int) a; 。

(2)程序的参考结构。

```
#include <stdio. h>
int main( )
{
    double a,b,x,y;
    int az,bz;
    printf("请输入两个实数:");
    scanf("%lf,%lf",&a,&b);
    az=_____;
```

```
    bz = _____ ;
    x = az+b-bz ;
    y = _____ ;
    printf("交换后的两个实数是:%lf,%lf\n",x,y);
    return 0;
}
```

2. 从键盘输入一个小写字母,要求输出相应的大写字母及其对应的 ASCII 码值。

(1)分析与提示。大写字母与相应小写字母之间的 ASCII 码值相差 32 (如:'a'-'A'=32)。

(2)程序的参考结构。

```
#include <stdio. h>
int main( )
{
    char c1,c2;
    printf("请输入一个小写字母:");
    c1 = _____ ;
    c2 = _____ ;           //将小写字母转换成对应的大写字母
    printf("对应大写字母是:_____,其 ASCII 码值是:_____\n",c2,c2);
    return 0;
}
```

【实验 3-4】提高性实验

1. 编写程序,计算平面直角坐标系内 A 与 B 两点间的最短距离。

(1)实验步骤与提示。

①定义 A 点坐标变量 $X_1$、$Y_1$,B 点坐标变量 $X_2$、$Y_2$。

②从键盘输入两个点的坐标值。

③利用距离公式 $d = \sqrt{(x_2 - x_1)^2 + (y_2 - y_1)^2}$ 计算两点间的距离。

④输出结果。

(2)程序的参考结构。

```
#include <...>       //包含头文件
int main( )
{
    定义变量 x1,y1,x2,y2,d;
```

```
    输入 A 点坐标值;
    输入 B 点坐标值;
    计算距离:d=sqrt(pow((x2-x1),2)+pow((y2-y1),2));
    输出计算结果;
    return 0;
}
```

说明:程序中要用到 sqrt 函数和 pow 函数,要注意包含数学函数头文件 math. h。

2. 编写程序实现:输入一个小写字母,输出该字母的前驱和后继字符,例如 c 的前驱和后继字母分别是 b 和 d,a 的前驱和后继字母分别是 z 和 b,z 的前驱和后继字母分别是 y 和 a。

(1)实验步骤与提示。

①从键盘输入一个小写字母。

②计算前驱字母:前驱字母=原字母-1。

③如果前驱字母小于' a ',则前驱字母=原来的前驱字母-' a '+' z '。

④如果后继字母大于' z ',则后继字母=原来的后继字母-' z '+' a '。

⑤输出前驱字母和后继字母。

(2)程序的参考结构。

```
#include <...>        //包含所需的头文件
int main( )
{
    定义字符变量 c,cq,ch;
    从键盘输入一个小写字母给 c;
    cq=c-1;
    if(cq<' a ')
        cq=cq-' a '+' z '+1;
    输出前驱字母 cq;
    ch=c+1;
    if(ch>' z ')
    ch=ch-' z '+' a '-1;
    输出后继字母 ch;
    return 0;
}
```

说明:本程序只对小写字母求前驱和后继,如果是大写字母与小写字母随机求则程序要复杂一些,同学们可以在学完第 4 章内容后自己编写程序。

**【实验 3-5】**综合、设计性实验

1. 编写某旅游景点自助购票程序。假设门票价格分为成人与儿童两种,成人票 180 元/张,儿童票 125 元/张;保险 2 元/人(自愿购买)。

(1)分析与提示。对于这种顺序结构程序在设计时关键是理清操作步骤的先后顺序。下面给出程序的结构和代码,以供参考。

程序的参考结构如下:

```
#include <...>     //包含所需的头文件
int main( )
{
    定义变量;
    输入购买成人票数与儿童票的数量;计算购票金额;
    输入是否愿意购买保险,输入'y'或'Y'表示愿意,输入'n'或'N'表示不愿意,计
        算保险金额;
    输入顾客支付的票面金额,计算出找零;
    输出中间的提示信息与最终结果;
    return 0;
}
```

(2)参考如下代码段。

```
int adults,children,insurance=0,total=0,money;
char choice;
printf("欢迎使用＊＊＊景点自助购票程序! \n\n");
printf("请输入购票成人数与儿童数:");
scanf("%d,%d",&adults,&children);
printf("购买的票数是:成人:%d 张,儿童:%d 张\n",adults,children);
printf("请选择是否购买保险:");
getchar( );
choice=getchar( );
if(choice=='y'||choice=='Y')
    printf("您选择了购买保险,购买保险人数:%d 人\n",insurance=adults+
        children);
    else
        printf("您没有选择购买保险! 游玩时请注意安全! \n");
total=adults＊180+children＊125+insurance＊2;
printf("您的门票总金额是:%d 元,保险是:%d 元,共计:%d 元",adults＊180+
    children＊125,insurance＊2,total);
```

```
printf("\n 请输入您的票面金额:");
scanf("%d",&money);
printf("\n 找零:%d 元",money-total);
printf("\n 谢谢使用! \n");
```

(3)试一试:将程序中第一个 getchar();去掉行不行? 思考一下为什么会这样。

2. 从键盘输入一个学生的学号、生日(年-月-日)、性别(M:男,F:女)及三门功课(语文、数学、英语)的成绩,计算该学生的总分和平均分,并将该学生的全部信息按以下格式输出。

| 学号 | 出生日期 | 性别 | 语文 | 数学 | 英语 | 总分 | 平均分 |
|---|---|---|---|---|---|---|---|
| 17001 | 1998-8-19 | M | 87 | 94 | 90 | 271 | 90.33 |

(1)分析与提示。由于还没有学习到处理字符串的相关知识,因此可以定义一个整型变量存储学号,出生日期中的年、月、日分别定义 3 个整型变量存储,性别用字符型变量存储。

下面给出程序的结构和代码,以供参考。

程序的参考结构。

```
#include <...>        //包含所需的头文件
int main( )
{
    定义变量;
    输入学生的学号、出生年月日、性别及语数外三科成绩;
    计算总分及平均分;
    按照题目要求格式输出结果;
    return 0;
}
```

(2)参考如下代码段。

```
int no;
int year,month,day;
char sex;
int yw,sx,yy,total;
float average;
printf("输入学生的学号:");
```

```
scanf("%d",&no);
printf("\n 输入学生的出生日期:");
scanf("%d-%d-%d",&year,&month,&day);
printf("\n 输入学生的性别:");
getchar();
sex=getchar();
printf("\n 输入学生的语文、数学、外语成绩:");
scanf("%d,%d,%d",&yw,&sx,&yy);
total=yw+sx+yy;
average=total/3.0;
printf("\n——————————————————————————————\n");
printf("学号\t 出生日期\t 性别\t 语文\t 数学\t 英语\t 总分\t 平均分\n");
printf("\n——————————————————————————————\n");
printf("%d\t%d-%d-%d\t%c\t",no,year,month,day,sex);
printf("%d\t%d\t%d\t%d\t%f\n",yw,sx,yy,total,average);
printf("\n——————————————————————————————\n");
```

## 三、常见错误说明

1. scanf 函数格式字符串中的字符除了格式字符外全部要原样输入。如:

```
int a;
scanf("%d\n",&a);//注意本行中的"\n"
```

如果想把 10 赋值给 a,正确的输入是"10\n<回车>",这里的"\n"已经不是转义字符,而是普通字符。

2. 输入项的变量如果是基本数据类型,一定要加地址运算符"&"。如:

```
int a,b;
scanf("%d%d",a,b);    //注意 a、b 之前没有加"&",这是不合法的
```

scanf 函数的作用:按照变量在内存中的地址将变量的值存进去,"&a"表示计算 a 在内存中的起始地址。正确的语句是:

```
scanf("%d%d",&a,&b);
```

3. 输入数据时企图规定精度。如:

```
scanf("%.2f",&a);    //注意本行中的".2"输入数据时不能规定精度
```

正确的语句是 scanf("%f",&a);。

4. 输入字符的格式与要求不一致。如：

scanf("%c%c%c",&c1,&c2,&c3);

当输入"a 空格 b 空格 c<回车>"时,字符' a '送给 c1,' '送给 c2,' b '送给 c3。
在用"%c"格式输入字符时,空格字符和转义字符都作为有效字符输入。
正确输入是"abc<回车>"。

5. 在输入长整型数据和双精度浮点数时,必须使用长度装饰符"l"。如：

double a;long int b;
scanf("%lf,%ld",&a,&b);

6. 输入输出列表中的元素类型与格式字符串的格式字符在类型、顺序和个
数上都要一一对应,否则输入输出数据时会出错。如：

float a = 19999;
printf("%d",a); // 类型不匹配,输出结果是 0

如：

int a = 10;
printf("%f",a); // 类型不匹配,输出结果是 0.000000

可修改为：

int a = 10;
printf("%f",(float)a);//输出结果是 10.000000

如：

int a,b,c;
scanf("%d,%d,%d",&a,&b,&c);    //正确
scanf("%d,%d",&a,&b,&c);   //错误,缺少一个格式控制符

7. 在输入数据时,数据输入分隔符与 scanf 函数中格式字符串指定的分隔
符不相同,导致数据不能输入到指定变量。如：

int a,b;
scanf("%d%d",&a,&b)

当输入"1,2<回车>"时,数据"1"送给 a,数据"2"不能送给 b。如果是输入
"12<回车>",数据"12"送给 a, b 没有接收到数据。
本例正确的输入方式有：
①输入"1 空格 2<回车>"。
②1<回车>;

2<回车>。

③输入"1TAB 键 2<回车>"。

8. printf 函数在输出长整型数据时可不用加长度格式符"l",因为在 VC++ 6.0 中,long 和 int 占用字节长度都是 4 字节,取值范围相同。如:

```
long int a=10;
printf("%ld",a);      //等价于 printf("%d",a);
```

9. 在编写顺序结构程序时,语句的前后顺序出现逻辑错误,会引发输出结果错误。如:

```
#include <stdio. h>
#include <math. h>
void main( )
{
    int a,b,c;
    float area,s;
    printf("enter three datas:\n");
    scanf("%d,%d,%d",&a,&b,&c);
    area=sqrt((s-a)*(s-b)*(s-c)*s);//计算 area 的值
    s=(a+b+c)/2.0;            //计算 s 的值
    printf("a=%d,b=%d,c=%d\narea=%lf",a,b,c,area);
}
```

显然,应当是先计算 s 的值,然后才可以使用 s 计算 area 的值。编程时一定要注意语句的先后顺序。

# 实验 4   选择结构程序设计

## 一、实验目的与要求

1. 熟练掌握 if 语句的 3 种形式,掌握 if 语句的基本结构以及 if 语句的嵌套,并能将条件运算符给出的语句转化成 if 语句的形式。

2. 了解 switch 语句的一般形式,并能把复杂的分支选择结构化成 switch 语句来解决问题。

3. 熟练使用 break 语句。

4. 学习掌握选择结构程序的设计与调试。

## 二、实验内容与步骤

【实验 4-1】选择结构程序阅读

1. 单分支 if 语句。

(1)阅读下面程序,先判断结果,再输入并运行程序,验证判断的正误。

(2)从键盘上输入"27<回车>",下面程序的输出结果是_____。

```c
#include <stdio. h>
int main( )
{
    int a;
    printf("请输入一个整数:");
    scanf("%d",&a);
    if( a%9 == 0)
        printf("%d 是 9 的倍数\n",a);
    return 0;
}
```

2. 双分支 if 语句。

(1)阅读下面程序,先判断结果,再输入并运行程序,验证判断的正误。

(2)下面程序的输出结果是_____。

```c
#include <stdio. h>
int main( )
```

```
{
    int m=5;
    if( m++ > 5 )
        printf( "%d", m++);
    else
        printf( "%d\n", m--);
    return 0;
}
```

### 3. 多分支 if 语句。

(1)阅读下面程序,先判断结果,再输入并运行程序,验证判断的正误。

(2)下面程序的输出结果是＿＿＿＿。

```
#include <stdio. h>
int main( )
{
    int a=1, b=0;
    if(-a) b++;
    else if(a=0) b+=2;
    else b+=3;
    printf( "%d\n",b);
    return 0;
}
```

### 4. switch 语句。

(1)阅读下面程序,先判断结果,再输入并运行程序,验证判断的正误。

(2)下面程序的输出结果是＿＿＿＿。

```
#include <stdio. h>
int main( )
{
    int x=1,y=0,a=0,b=0;
    switch (x)
    {
        case 1:
            switch(y)
            {
```

```
                    case 0:a++;
                    case 1:b++;
                    }
            case 2: a++; b++;
        }
        printf("a=%d,b=%d\n",a,b);
        return 0;
    }
```

**【实验 4-2】**选择结构程序的修改与调试

1. 编写程序,输入一个整数,判断它是否能被 7 整除,若能被 7 整除,打印 Yes;若不能,打印 No。

实验步骤:

(1)设计程序结构,参考以下伪代码。

```
#include <...>   //包含所需的头文件
int main()
{
    定义变量;
    提示并接收输入变量的值;
    if (表达式) 语句块 1;
    else 语句块 2;
    return 0;
}
```

(2)根据题目要求确定变量的个数、定义变量,然后输入变量的值,分析所需选取的选择结构类型,写出完整的程序代码。

(3)编译运行程序,观察结果并判断正误,如有错误请改正,直到正确为止。

下面给出参考程序代码:

```
#include <stdio.h>
int main()
{
    int x;
    scanf("%d",x);
    if (x%7=0) printf("Yes\n");
    else printf("No\n");
    return 0;
}
```

提示:在调试程序的过程中,要注意 scanf( )函数和 C 语言里面赋值运算符( = )以及关系运算符( = = )的使用方法,找出程序中的错误并加以改正。

2. 分别运行如下两段程序,输入 90,看结果有何不同,并分析原因。

程序 1:

```
#include <stdio. h>
int main( )
{
    int x;
    printf("请输入成绩:");
    scanf("%d",&x);
    if(x>=90) printf("优秀");
    else if(x>=80) printf("良好");
    else if(x>=70) printf("中等");
    else if(x>=60) printf("及格");
    else if(x<60) printf("不及格");
    return 0;
}
```

程序 2:

```
#include <stdio. h>
int main( )
{
    int x;
    printf("请输入成绩:");
    scanf("%d",&x);
    if(x>=90) printf("优秀");
    if(x>=80) printf("良好");
    if(x>=70) printf("中等");
    if(x>=60) printf("及格");
    if(x<60) printf("不及格");
    printf("\n");
    return 0;
}
```

提示:多分支 if 语句在程序的执行过程中,只执行第一次满足条件的情况,要注意它与多行单分支 if 语句并列起来的区别。

3. 当 m 为整数时,请将下面的语句修改为 switch 语句。

```c
#include <stdio. h>
int main( )
{
    int m, n;
    scanf("%d",&m);
    if (m<30) n=1;
    else if (m<40) n=2;
    else if (m<50) n=3;
    else if (m<60) n=4;
    else n=5;
    printf("%d\n",n);
    return 0;
}
```

下面给出参考程序代码:

```c
#include <stdio. h>
int main( )
{
    int m,n;
    scanf("%d",&m);
    m=m/10;
    switch(m)
    {
        case 0:
        case 1:
        case 2: n=1; break;
        case 3: n=2; break;
        case 4: n=3; break;
        case 5: n=4; break;
        default:n=5;
    }
    printf("%d\n",n);
    return 0;
}
```

提示:要注意在修改为 switch 语句的过程中对 switch(表达式)中表达式的修改方法。

**【实验 4-3】选择结构程序填空**

1. 程序的运行与调试。下面程序的功能是从键盘输入三角形的 3 条边 a、b、c,判断它们是否能构成三角形,如果能,则计算出面积,如果不能,则提示信息。程序不完整,请补充并调试该程序,使之正确并写出调试过程。

```c
#include <stdio. h>
#include <math. h>
int main( )
{
    float a,b,c,s,area;
    printf("请输入三角形的三边长:");
    scanf("%f,%f,%f",&a,&b,&c);
    if(a+b>c _____ b+c>a && _____)
    {
        s=0.5 * (a+b+c);
        area=sqrt(s * (s-a) * (s-b) * (s-c));
        printf("area=%5.2f\n",area);
        _____
    }
    else
        printf("不符合三角形三边要求!");
    return 0;
}
```

2. 用 switch 语句实现:输入一个十进制数,根据输入的数输出所对应的英文星期单词,若所输入的数小于 1 或大于 7,则输出"Error"。

实验步骤:

(1)设计程序结构,参考以下伪代码。

```c
#include <...> //包含所需的头文件
int main( )
{
    定义变量;
    提示并接收输入变量的值;
    switch(表达式)
    {
```

```
        case 常量表达式 1：语句块 1；break；
        case 常量表达式 2：语句块 2；break；
        …
        case 常量表达式 n：语句块 n；break；
        default：语句块 n+1；break；
    }
    return 0;
}
```

（2）根据题目要求确定变量的个数并定义变量，然后输入变量的值，分析所需选取的选择结构类型，写出完整的程序代码。

（3）编译运行程序，观察结果并判断正误，如有错误请改正之，直到正确为止。

下面给出参考程序代码：

```
#include <stdio. h>
int main( )
{
    int a;
    scanf("%d",&a);
    switch(_____)
    {
        case 1：printf("Monday\n")；_____
        case 2：printf("Tuesday\n")；break；
        case 3：printf("Wednesday\n")；break；
        case 4：printf("Thursday\n")；break；
        case 5：printf("Friday\n")；break；
        case 6：printf("Saturday\n")；break；
        case 7：printf("Sunday\n")；break；
        _____：printf("Error\n")；break；
    }
    return 0;
}
```

【实验 4-4】提高性实验

1. 假设每周的工作安排如下：

周一、周三：高等数学课。

周二、周四：程序设计课。

周五：外语课。

周六:政治课。

使用多分支 if 语句编写程序,对以上工作日程进行检索,程序运行后,要求输入一周中的某一天,程序将输出这一天的工作安排,0~6 分别代表星期日到星期六,如果输入 0~6 以外的数,则提示输入错误。

参考代码段如下:

```c
#include <stdio.h>
int main()
{
    int n;
    printf("请输入整数0~6:");
    scanf("%d",&n);
    if (n==0) printf("今天是休息日\n");
    else if (n==1||n==3) printf("高等数学课\n");
    else if (n==2||n==4) printf("程序设计课\n");
    else if (n==5) printf("外语课\n");
    else if (n==6) printf("政治课\n");
    else printf("您的输入有误! \n");
    return 0;
}
```

2. 使用 switch 语句编写程序,根据输入的学生成绩,给出相应的等级,90~100 为 A,80~90 为 B,70~80 分为 C,60~70 为 D,60 分以下为 E。

参考代码段如下:

```c
#include <stdio.h>
int main()
{
    float a;
    printf("请输入成绩0~100:");
    scanf("%f",&a);
    switch((int)(a/10))
    {
        case 1:
        case 2:
        case 3:
        case 4:
```

```
        case 5: printf( "E\n") ; break;
        case 6: printf( "D\n") ; break;
        case 7: printf( "C\n") ; break;
        case 8: printf( "B\n") ; break;
        case 9:
        case 10: printf( "A\n") ; break;
        default: printf( "Error\n") ; break;
    }
    return 0;
}
```

【实验 4-5】综合、设计性实验

有一个分段函数：

$$y = \begin{cases} x, & x < 0 \\ x - 10, & 0 \leqslant x < 10 \\ x + 10, & x \geqslant 10 \end{cases}$$

编写程序，要求输入 x 的值，打印出 y 的值，分别用：

①不嵌套的 if 语句；

②嵌套的 if 语句；

③多分支 if 语句。

提示：要注意在使用不同的语句格式处理同种类型问题时的考虑方法以及各种语句的特点、区别与联系。

# 实验 5 循环结构程序设计

## 一、实验目的与要求

1. 学习 for、while、do…while 循环语句和 continue、break 语句的使用方法。
2. 学习用循环语句实现各种算法,如穷举法、迭代法等。
3. 熟悉 Visual C++ 6.0 集成环境中的程序调试方法。
4. 学习掌握嵌套循环程序的设计与调试。

## 二、实验内容与步骤

【实验 5-1】循环结构程序阅读与填空

1. while 循环语句。

(1)阅读以下程序,先判断结果,再输入数据并运行程序,验证判断的正误。

(2)下面程序的输出结果是_____。

```c
#include <stdio. h>
int main( )
{
    int n = 10;
    while( n > 7)
    {
        n--;
        printf( "%d\n", n);
    }
    return 0;
}
```

提示:注意循环控制变量的初值,可以使用单步调试观察变量的变化。

试一试:把 printf( )也放到循环体中,观察结果的变化。

2. 循环嵌套。

(1)阅读以下程序,先判断结果,再运行程序,验证判断的正误。

(2)下面程序的输出结果是_____。

```
#include <stdio. h>
int main( )
{
    int i, j;
    for(i = 1; i <= 9; i++)
    {
        for(j = 1; j <= 9; j++)
            printf("%d * %d=%2d\t", i, j, i * j);
        printf("\n");
    }
    return 0;
}
```

提示:在使用循环嵌套时,大家要格外注意循环体语句究竟是哪一部分。在此例中,第一个 printf( ) 是内层 for 循环的循环体,而 printf("\n") 是外层循环的一部分,是在结束内层 for 循环后才进行的,主要功能是控制输出的格式。

如果写成如下的形式:

```
for(i = 1; i <= 9; i++)
{
    for(j = 1; j <= 9; j++)
    {
        printf("%d * %d=%2d",i , j, i * j);
        printf("\n");
    }
}
```

两个 printf( ) 都成了内层 for 循环的循环体,并且输出的结果格式也会发生很大变化。

**【实验 5-2】循环结构程序的修改与调试**

1. while 循环语句。

(1)编写 while 循环语句,计算 sum＝1+2+…+100 的值。

(2)实验步骤。

①设计程序结构,参考以下伪代码:

```
#include <...>
int main( )
{
    定义并初始化变量;
    循环变量初始化;
    while(循环条件)
    {
        累加整数;
        循环变量增值;
    }
    显示计算结果;
    return 0;
}
```

②根据题目要求分析循环结构,确定循环控制变量的初值、终值(写出循环条件)、更新;设计要定义的变量及其初始值,写出完整的程序代码。

③编译运行程序,观察结果并判断正误,如有错误则改正,直到正确。

下面给出参考程序代码:

```
#include <stdio. h>
int main( )
{
    int i = 1;
    int sum = 0;
    while( i <= 100)
    {
        sum = sum + i;
        i++;
    }
    printf(" %d\n", sum);
    return 0;
}
```

提示:

● 当循环体是复合语句时,一定注意要用花括号括起来,否则程序运行将会出现错误结果。

● 关于循环条件的表达,有同学可能会写成如下形式:

```
while( i >= 1 && i <= 100 )
{
    sum = sum + i;
    i++;
}
```

如果这样表达,则 i 没有赋初值,将会导致程序运行错误。

● 在调试程序的过程中,可以用单步执行的方法观察变量 i、sum 的值的变化,如存在问题,加以改正。

2. do…while 循环语句。

(1)编写程序,用 do…while 循环语句完成上题计算 sum 值的要求。

提示:注意循环控制变量的初始化和更新。

(2)实验步骤。

①设计、写出使用 do…while 循环语句的程序结构伪代码。

②写出完整程序并编译运行该程序,调试程序,直到得出正确结果。

下面给出参考程序代码:

```
#include<stdio.h>
int main( )
{
    int i = 1;
    int sum = 0;
    do {
        sum = sum + i;
        i++;
    } while (i <= 100);
    printf("%d\n", sum);
    return 0;
}
```

3. for 循环语句。

(1)编写程序,用 for 循环语句替代 while、do…while 循环语句,完成计算 sum 值的要求。

(2)实验步骤。

①设计、写出使用 for 循环语句的程序结构伪代码。

②写出完整程序并编译运行该程序,调试程序,直到得出正确结果。

下面给出参考程序代码:

```
#include<stdio.h>
int main( )
{
    int i;
    int sum = 0;
    for (i = 1; i <= 100; i++)
        sum = sum + i;
    printf("%d\n", sum);
    return 0;
}
```

③比较 for 循环语句与 while 循环语句、do…while 循环语句的异同。

**【实验 5-3】提高性实验**

编写程序,输出半径为 1~10 之间的整数值,且面积小于 100 的圆面积。

(1)设计、编写循环结构程序,实现符合条件的圆面积的输出。

(2)实验步骤。

①设计、写出使用 for 循环语句的程序结构伪代码,并选取合适的流程转向语句,实现循环的终止。

参考以下伪代码:

```
#include <...>
int main( )
{
    定义并初始化变量;
    for(循环变量初始化;循环条件;循环变量增值)
    {
        计算圆面积;
        判断圆面积是否大于100;
        流程转向语句;
        输出符合条件的结果;
    }
    return 0;
}
```

②写出完整程序并编译运行该程序,调试程序,直到得出正确结果。

参考以下程序代码:

```
#include <stdio. h>
int main( )
{
    int r;
    # define PI 3. 14159;
    float area;
    for( r = 1; r < 10; r++)
    {
        area = PI * r * r;
        if( area > 100)
            break;
        printf( "%f\t", area);
    }
    return 0;
}
```

提示:注意本例中真正终止循环的其实不是 r<10,而是 area>100。也可以试着在 area<=100 时输出圆面积,不符合这一条件时,终止循环。

试一试:比较 break 语句与 continue 语句的异同。如果把本例中的 break 语句改成 continue 语句,观察结果的变化。

【实验 5-4】综合、设计性实验

1. 编写程序,输出所有水仙花数。所谓水仙花数是指一个 3 位正整数,其各位数字的立方和等于该数本身。例如:$153 = 1^3 + 5^3 + 3^3$。

2. 实验步骤。

(1)设计、写出使用 for 循环语句的程序结构伪代码,参考以下伪代码:

```
#include <...>
int main( )
{
    定义并初始化变量;
    for( 循环变量初始化;循环条件;循环变量增值)
    {
        计算百位数码;
        计算十位数码;
        计算个位数码;
        判断是否为水仙花数;
```

```
        输出符合条件的结果;
    }
    return 0;
}
```

（2）写出完整程序并编译运行该程序，调试程序，直到得出正确结果。
参考以下有错误的程序代码：

```
#include <stdio. h>
int main( )
{
    int n, b, sh, g;          //b,sh,g 分别对应百位、十位、个位上的数字
    for( n = 100; n <= 999; n++)
    {
        b = n / 100;
        sh = ( n % 100) / 10;
        g = n % 10;
        if( n * n * n = b * b * b + sh * sh * sh + g * g * g)
        {
            printf( " %d\n", n);
        }
    }
    return 0;
}
```

提示：
● 首先水仙花数是一个三位的正整数，数值范围确定为 100~999。
● 循环变量 n 的初值为 100，循环条件是 n 小于等于 999。
● 每循环一次循环变量 n 值加 1。
● 将 n 的值通过整除（/）和取余（%）运算分别获得百位、十位、个位上的数码。
● 在循环体中判断一个三位的正整数是否为水仙花数，如果是，则输出该数。

# 实验 6　数　　组

## 一、实验目的与要求

1. 掌握 C 语言中一维数组和二维组的定义、初始化、引用和输入输出方法。
2. 掌握字符数组的定义、初始化及其元素的引用方法。
3. 学会使用字符串处理函数处理字符串。
4. 学习用数组实现相关的算法(如排序算法)。

## 二、实验内容与步骤

**【实验 6-1】**数组阅读实验

阅读下面程序,先判断结果,再输入并运行程序,验证判断的正误。

1. 下面程序的输出结果是＿＿＿＿＿＿＿＿＿＿。

```
#include <stdio. h>
int main( )
{    int i,a[4]={0,0,0,0};
     for(i=1;i<4;i++)
     {
         a[i]=a[i-1]*2+1;
     }
     for(i=0;i<4;i++)
         printf("%3d",a[i]);
     return 0;
}
```

提示:注意数组下标的界限和一维数组元素的引用。

试一试:对上面的程序进行修改,将 a 数组元素初始化为 1,编译运行,看看运行结果,与原来的程序进行对比,理解一维数组的引用和输入输出。

2. 下面程序的输出结果是＿＿＿＿＿＿＿＿＿＿。

```
#include <stdio. h>
int main( )
{    int i,x[3][3]={1,2,3,4,5,6,7,8,9};
```

```
    for(i=0;i<3;i++)
        printf("%4d",x[2-i][i]);
    printf("\n");
    return 0;
}
```

提示:注意二维数组行下标和列下标的控制。

试一试:对上面的程序进行修改,将 x[2-i][i] 改为 x[i][2-i],编译运行, 看看运行结果,与原来的程序进行对比,理解二维数组的引用和输入输出。

3. 下面程序的输出结果是_____。

```
#include <stdio.h>
#include <string.h>
int main()
{   int i=0,j=0;
    char str1[20]="hello";
    char str2[]="everyone";
    while(str1[i]!='\0') i++;
    while((str1[i]=str2[j])!='\0')
    {
        i++;j++;
    }
    printf("%s\n",str1);
    return 0;
}
```

提示:注意字符数组的初始化方法和字符串的结束标志。

试一试:对上面的程序进行修改,调用字符串输入函数 gets,控制输入两个字符串分别放到 str1 和 str2 数组中,编译运行,看看运行结果,与原来的程序进行对比,掌握字符数组的输入输出。

【实验 6-2】数组程序的修改与调试

1. 编写程序,从键盘输入 n 个(如 10 个)整数放入数组,求这 n 个整数的最大值、最小值并输出。

实验步骤:

(1)设计程序结构,参考以下伪代码:

```
#include <...> //包含所需的头文件
int main( )
{    定义并初始化变量;
     提示并输入 n 个整数;
     max,min 变量初始化;
     for(循环继续条件)
     {    比较求最大值;
          比较求最小值;
     }
     输出结果;
     return 0;
}
```

（2）根据题目要求设计要定义的变量及其初始值,写出完整的程序代码。

（3）编译运行程序,输入 n 个整数,观察结果并判断正误,如有错误请改正,直到正确为止。

下面给出参考程序代码(其中有错误):

```
#include <stdio. h>
int main( )
{    int i,n=10,max,min;
     int a[n];
     for(i=0;i<n;i++)
          scanf("%d",&a[n]);
     max=min=a[0];
     for(i=0;i<n;i++)
          if(a[i]>max)max=a[i];
     if(a[i]<min)min=a[i];
     printf("max=%d,min=%d",max,min);
     return 0;
}
```

提示:C 语言不允许定义动态数组。在调试程序的过程中,可以用单步执行的方法观察变量 max 和 min 的值来寻找程序中存在的问题,加以改正。

2. 编写程序,分别求出 m 行 n 列(如 2 行 3 列)矩阵各行元素之和并输出。

实验步骤:

（1）设计程序结构,参考以下伪代码:

```
#include <...> //包含所需的头文件
int main( )
{   定义并初始化变量;
    提示并输入 m 行 n 列二维数组各元素的值;
    输出 m 行 n 列二维数组各元素的值;
    for(控制行下标继续条件)
    {   求和变量 sum 初始化;
        for(控制列下标继续条件)
        求第 i 行元素的和;
        输出第 i 行元素的和;
    }
}
```

（2）根据题目要求设计要定义的变量及其初始值,然后输入该 m 行 n 列二维数组中各元素的值,用二重循环控制求每行元素的和,写出完整的程序代码。

（3）编译运行程序,输入 m 行 n 列数组的元素,观察结果并判断正误,如有错误请改正,直到正确为止。

下面给出参考程序代码（其中有错误）：

```
#include <stdio. h>
#define m 2
#define n 3
int main( )
{   int a[m][n],i,j,sum;
    printf("input array[%d][%d]:\n",m,n);
    for(i=0;i<m;i++)
        for(j=0;j<n;j++)
            scanf("%d",a[i][j]);
    printf("output array[%d][%d]:\n",m,n);
    for(i=0;i<m;i++)
    {   for(j=0;j<n;j++)
            printf("%2d",a[i][j]);
        printf("\n");}
    for(i=0;i<m;i++)
    {   for(j=0;j<n;j++)
            sum=sum+a[i][j];
        printf("sum of row %d is %d\n",i,sum);
    }
    return 0;
}
```

提示:在调试程序的过程中,可以用单步执行的方法观察数组元素的值和 sum 的值来寻找程序中存在的问题,加以改正。

试一试:将 m 和 n 定义成变量,从键盘输入 m 和 n 的值,编译运行程序,观察结果。

3. 编写程序,输入一个字符串(不超过 80 个字符),将它的内容逆置后输出。如字符串"abcde"输出为"edcba"。

(1)设计程序结构,参考以下伪代码。

```
#include <...>   //包含所需的头文件
int main( )
{
    定义并初始化变量;
    提示并输入字符串;
    求字符串的长度;
    while(循环继续条件)
    {
        引用中间变量交换元素的值;
        改变循环控制变量的值;
    }
    输出置换后的字符串;
}
```

(2)根据题目要求,定义一个含 80 个元素的字符数组,调用 gets 函数控制输入字符串存入数组中,引用中间变量将第 0 个元素与最后一个元素交换,将第 1 个元素与倒数第 2 个元素交换,依次类推,直到循环条件不成立为止。

(3)编译运行程序,输入一个字符串,观察结果并判断正误,如有错误请改正,直到正确为止。

下面给出参考程序代码(其中有错误):

```
#include <stdio. h>
int main( )
{
    char str[ ],t;
    int i,j;
    gets(str);
    i=0;j=strlen(str)-1;
    while(i<j)
    {
        t=str[i];
        str[i]=str[j];
```

```
            str[j] = t;
        }
    puts(str);
    return 0;
}
```

提示:注意定义字符数组的长度和字符串实际长度的区别。

**【实验 6-3】数组程序设计填空**

1. 下面程序的功能是输入 10 个互异的整数,将它们存入数组中,再输入一个数 x,然后在数组中查找 x,如果找到,输出相应的下标,否则,输出"Not Found"。

(1)程序的补充与调试。

```
#include <stdio. h>
int main( )
{
    int i,x,flag = 0;
    int a[10];
    printf("Input 10 integers:\n");
    for(i=0;i<10;i++)
        scanf("%d",    ①    );
    printf("Enter x:");
    scanf("%d",&x);
    for(i=0;i<10;i++)
        if(    ②    )
        {
            printf("Index is %d\n",i);
            flag = 1;
            break;
        }
    if(    ③    ) printf("No Found");
    return 0;
}
```

(2)实验步骤。

①运行程序,输入 1 2 3 4 5 6 7 8 9 10,再输入 4,观察输出结果。

②再次运行程序,输入 0,观察运行结果。

2. 下面程序的功能是分别求 3 行 3 列矩阵的主、次对角线元素之和。

(1)程序的补充与调试。

```
#include <stdio. h>
int main( )
{
    int a[3][3];
    int i,j,sum1=0,sum2=0;
    for(i=0;i<3;i++)
        for(j=0;j<3;j++)
            scanf("%d",&a[i][j]);
    for(i=0;_____①_____;i++)
        for(j=0;_____②_____;j++)
        {   if(_____③_____) sum1=sum1+a[i][j];
            if(_____④_____) sum2=sum2+a[i][j]; }
    printf("%d\n%d\n",sum1,sum2);
    return 0;
}
```

(2)实验步骤。

①运行程序,输入 1 2 3 4 5 6 7 8 9,观察输出结果。

②再次运行程序,输入任意 9 个整数,观察运行结果。

3. 下面程序的功能是将字符串中的大写字母转换成小写字母。

(1)程序的补充与调试。

```
#include <stdio. h>
int main( )
{   char str[20];
    int i=0;
    printf("请输入 str 字符串: \n");
    gets(_____①_____);
    while (str[i]! ='\0')
    {
        if(str[i]>='A'&&str[i]<='Z')_____②_____;
        i++;
    }
    printf("字符串 str 为:%s\n",_____③_____);
    return 0;
}
```

（2）实验步骤。

①运行程序,输入 ABCDEFG,观察输出结果。

②再次运行程序,输入包含大小写字母和其他字符的字符串,观察运行结果。

【实验 6-4】提高性实验

1. 编写程序实现:输入 10 个数据,按从小到大排序,并显示排序结果。然后再输入一个数,插入其中,要求插入后仍然有序。

（1）实验步骤与提示。

①定义一个包含 11 个元素的一维数组(多一个元素留作后面插入数据)。

②从键盘输入 10 个数。

③采用冒泡排序法或选择法对这 10 个数进行排序。

④从键盘输入要插入的数。

⑤插入相应位置。

⑥输出插入后的数组元素。

（2）参考如下程序结构。

```
#include <...> //包含所需的头文件
int main( )
{    定义变量;
     从键盘输入 10 个数;
     采用冒泡排序法或选择法对这 10 个数进行排序;
     从键盘输入要插入的数;
     插入相应的位置;
     输出插入后的数组元素;
}
```

提示:可以采用从前往后比较插入,也可以采用从后往前比较插入,如下所示:

```
for(i=9;i>=0;i--)
    if(number>a[i]) {a[i+1]=number;break;}
    else a[i+1]=a[i];
    if(number<a[0]) a[0]=number;
}
```

2. 输入 4×4 的矩阵,编写程序实现:

● 输出主对角线上的各元素(按对角线格式输出)。

● 输出上三角的各元素(按三角形格式输出)。

(1)实验步骤与提示。

①定义一个 4×4 的二维数组。

②用二重循环控制输入二维数组的各元素值。

③用二重循环控制输出二维数组的各元素值。

④控制并按格式输出主对角线上的各元素。

提示:主对角线上的元素即行下标和列下标相同的元素。

⑤控制并按格式输出上三角的元素。

(2)程序的参考代码段。

输出主对角线元素:

```
for(i=0;i<4;i++)
{    for(j=0;j<4;j++)
         if(i==j)printf("%d",a[i][j]);
         else printf(" ");
     printf("\n");
}
```

输出上三角元素:

```
for(i=0;i<4;i++)
{    for(j=0;j<4;j++)
         if(i<=j)printf(" %d",a[i][j]);
         else printf(" ");
     printf("\n");
}
```

3. 编写程序实现:输入一行字符,统计单词个数,单词之间用空格分隔开。

(1)实验步骤与提示。

①输入字符串(gets)。

②找第一个非空字符。

③计数。

④跳过本单词,即寻找空格或"\0"。

⑤未结束则转②。

⑥否则打印个数。

提示:此题不能只简单统计空格个数作为单词个数,注意有多空格分隔情况。

（2）程序的参考结构。

```
#include <stdio. h>
#include <string. h>
int main( )
{   定义所需变量并初始化;
    输入字符串;
    do
    {   while((c=string[i])= =' ')i++;        //跳空格
        if (c! ='\0') num++;        //统计个数
        while((c=string[i])! =' '&&c! ='\0') i++;        //跳单词
    }
        while(c! ='\0');
    printf(" There are %d words in the line\n",num);        //输出统计结果
}
```

【实验 6-5】综合、设计性实验

1. 实验要求。

某班有学生 N 人（如 10 人），学生的信息包括学号与姓名和英语、高数和计算机三门课的成绩，统计各学生的总成绩，按成绩总分由高到低对学生的信息进行排序，输出排序后学生的信息。

2. 分析与提示。

这是一个排序问题，排序的依据是学生的成绩。排序时学生学号、姓名也要同时调整次序。学生学号、姓名可使用二维数组存储。

下面给出一些程序的结构和代码，以供参考：

程序的参考结构如下：

```
#include <...>//包含所需的头文件
int main( )
{   定义变量;
    输入学生信息;
    统计每个学生总成绩;
    输出统计结果;
    采用选择法或冒泡法对学生的总成绩进行排序;
    输出排序后的学生信息;
}
```

3. 参考代码段。

(1)包含头文件和宏定义。

```
#include <stdio. h>
#include <string. h>
#define NUM 10
```

(2)学生信息的数据结构。

```
char name[NUM][10];//姓名
char num[NUM][10];//学号
float score[NUM][3];//三门课成绩
float sum[NUM];//总成绩
```

(3)学生信息的输入。

```
printf("输入姓名、学号和三门课成绩:\n");
for(i=0;i<NUM;i++)
{   printf("请输入第%d个学生的信息:\n",i);
    scanf("%s%s%f%f%f",name[i],num[i],&score[i][0],&score[i][1],&score
        [i][2]);
}
```

(4)按总成绩高低对学生信息排序。

```
for(i=0;i<NUM-1;i++)
    for(j=i+1;j<NUM;j++)
        if(sum[i]<sum[j])
        {   tmp=sum[i];
            sum[i]=sum[j];
            sum[j]=tmp;        //交换成绩
            strcpy(stmp,name[i]);
            strcpy(name[i],name[j]);
            strcpy(name[j],stmp);      //交换姓名
            strcpy(stmp,num[i]);
            strcpy(num[i],num[j]);
            strcpy(num[j],stmp);       //交换学号
        }
```

# 实验 7 函 数

## 一、实验目的与要求

1. 掌握函数定义的方法。
2. 掌握函数实参与形参的对应关系,正确理解在函数调用过程中实参和形参的数据传递方法。
3. 掌握函数的类型和返回值。
4. 掌握函数的声明以及函数的一般调用、嵌套调用和递归调用的方法。
5. 理解变量的作用域与存储类别。

## 二、实验内容与步骤

【实验 7-1】函数阅读实验

1. 阅读下面程序,先判断结果,再运行程序,验证判断的正误。

(1)下面程序的输出结果是＿＿＿＿＿＿＿＿＿。

```c
#include <stdio. h>
void addsub( int a, int b)
{
    int c,d;
    c=a+b;
    d=a-b;
    printf("被调用函数中 c 和 d 的值分别为:%d,%d\n",c,d);
}
int main( )
{
    int x=10,y=20,c=30,d=40;
    addsub(x,y);
    printf("主函数中 x 和 y 的值分别为:%d,%d\n",x,y);
    printf("主函数中 c 和 d 的值分别为:%d,%d\n",c,d);
    return 0;
}
```

提示:注意观察变量在被调函数和主函数中值的变化情况。

(2)下面程序的输出结果是＿＿＿＿＿＿＿＿＿。

```
#include <stdio. h>
int a;
static int get(int a)
{    auto int b=0;
     static int c=3;
     b=b+1;
     c=c+1;
     printf("%d,%d\n",b,c);
     return(a+b+c);
}
int main()
{

     int a=2,j;
     for(j=0;j<3;j++)
         printf("%d,%d\n",a,get(a));
     return 0;

}
```

提示：注意观察函数 get 在被调用的过程中，b 和 c 的值的变化有什么不同。

（3）下面程序的输出结果是＿＿＿＿＿＿＿＿＿。

```
#include <stdio. h>
int w=3;
fun(int k)
{
     if(k==0)return 1;
     else return fun(k-1) * k;
}
int main()
{
     int w=10;
     printf("%d\n",fun(5) * w);
     return 0;

}
```

（4）下面程序的输出结果是＿＿＿＿＿＿＿＿＿。

```c
#include <stdio. h>
void fun( int a[4])
{   int i,j=1;
    for(i=1;i<4;i++)
        a[i-1]=a[i];
    j++;
}
int main()
{   static int a[]={1,2,3,4};
    int i,j=2;
    for(i=1;i<3;i++)
    {   fun(a);
        j++;
    }
    printf("%d,%d\n",a[0],j);
    return 0;
}
```

2. 阅读下面程序,指出程序的功能,再运行程序来验证判断的正误性。

(1)下面程序的功能是＿＿＿＿＿＿＿＿＿＿＿＿＿＿＿＿＿。

```c
#include <stdio. h>
void num( int a);
int main()
{
    int x;
    printf("请输入一个三位的整数:\n");
    scanf("%d",&x);
    num(x);
    return 0;
}
void num( int a)
{
    int i,j,k;
    i=a/100;
    j=a%10;
    k=a/10%10;
    printf("%d %d %d\n",j,k,i);
}
```

（2）下面程序的功能是_____。

```c
#include <stdio. h>
void convert( int a)
{   if( a/16! =0) convert( a/16) ;
    if( a%16<=9) printf( "%d" , a%16) ;
    else switch( a%16)
    {   case 10:putchar( 'A ') ;
            break ;
        case 11:putchar( 'B ') ;
            break ;
        case 12:putchar( 'C ') ;
            break ;
        case 13:putchar( 'D ') ;
            break ;
        case 14:putchar( 'E ') ;
            break ;
        case 15:putchar( 'F ') ;
    }
}
int main( )
{
    int num;
    printf( "请输入要转换的整数:") ;
    scanf( "%d" ,&num) ;
    convert( num) ;
    return 0;
}
```

提示：要掌握十进制数转化为十六进制数的方法。

【实验 7-2】函数的修改及调试

1. 编写程序，求 4 个整数中的最大数。要求利用自定义函数 max( )求两个整数中的最大数。

实验步骤：

（1）设计程序结构，参考以下伪代码。

```c
#include <...>      //包含所需的头文件
int main( )
```

```
{
    定义并初始化变量;
    提示并接收输入的 4 个数;
    多次调用自定义函数 max( )两两求出 4 个数中的最大数;
    输出结果;
}
```

（2）根据题目要求确定变量的个数,定义变量,然后输入变量的值,写出完整的程序代码。

（3）编译运行程序,输入 4 个整数,观察结果并判断正误,如有错误请改正,直到正确为止。

下面给出参考程序代码：

```c
#include <stdio. h>
int max( int x, int y)
{   int z;
    if ( x>y)
        z=x;
    else
        z=y;
    return( z) ;
}
int main( )
{   int a,b,c,d,zmax;
    printf("请分别输入 4 个整数:");
    scanf( "%d,%d,%d,%d" ,&a,&b,&c,&d) ;
    zmax=max(a,b) ;
    zmax=max( zmax,c) ;
    zmax=max( zmax,d) ;
    printf( "4 个数中最大的数为：%d\n" ,zmax) ;
    return 0;
}
```

试一试:如果将主函数中的 3 条赋值语句部分改为：

zmax=max( max( max(a,b) ,c) ,d) ;

看看程序结果是否有变化?

2. 编写一个函数 func,用来求 n 个 a(aa…a)的值。在主函数中输入两个正整数 a 和 n,调用函数 func,求 a+aa+aaa+⋯+aaa⋯aa 的值,并输出结果。

实验步骤:

(1)设计程序结构,参考以下伪代码:

```
#include <...>                  //包含所需的头文件
int main( )
{
    定义并初始化变量;
    提示从键盘输入并接收两个数;
    n 次调用自定义函数 func,累计求和;
    输出结果;
}
```

(2)根据题目要求确定变量的个数,定义变量,然后输入变量的值,写出完整的程序代码。

(3)编译运行程序,分别输入 a 和 n 的值,观察结果并判断正误,如有错误请改正,直到正确为止(a 只能取 1~9 的任何一位数)。

下面给出参考程序代码:

```
#include <stdio.h>
int func( int a, int n)
{
    int i,t=0;
    for(i=1;i<=n;i++)
        t=10*t+a;
    return(t);
}
int main( )
{   int a,n,i,s=0;
    printf("请分别输入 a 和 n 的值:");
    scanf("%d,%d",&a,&n);
    for(i=1;i<=n;i++)
        s=s+func(a,i);
    printf("a+aa+aaa+⋯+aaa⋯aa 的结果为: %d\n",s);
    return 0;
}
```

试一试：如果将 a 的值改为两位数，看看程序结果有何变化？

**【实验 7-3】函数程序填空**

1. 编写一个函数，接收用户从键盘输入的字符，当用户按下回车时表示结束输入，统计用户输入了多少个字符（不包括回车符）。

（1）分析与提示。统计的功能用函数来实现，在被调用函数中需要定义一个变量，用来存放字符个数，由于无法预知被调函数中循环的执行次数，所以每接收一个字符，都需判断一下该字符是否为回车符。

（2）实验步骤。

```
#include <stdio. h>
int len( );
int main( )
{
    int n;
    printf("请输入一个字符串(以回车键结束输入):");
    n=len( );
    printf("字符串中共有%d 个字符\n",n);
    return 0;
}
int len( )
{   char c;
    int m=0;
    c=_____;
    while (c! ='\n')
    {   _____;
        c=getchar( );}
    return(m);
}
```

（3）请改写以上程序，用数组来存放字符串。

2. 编写一个函数，可以从数组 x 的 10 个元素中找出最大值元素和最小值元素，将其中最小值元素与数组的第一个元素交换，最大值元素与最后一个元素交换，然后输出交换后的 10 个元素。

（1）分析与提示。定义变量 max 和 min 分别用来存放最大值和最小值，变量 i 和 j 分别用来存放最大值元素和最小值元素的下标。

（2）实验步骤。

```c
#include <stdio. h>
void fun( int x[ ] )
{
    int i,j,max,min,t,m;
    max=x[ 0 ] ;
    min=x[ 0 ] ;
    i=j=0;
    for( m=0;m<10;m++)
    {
        if( x[ m ]>max)
        {
            _____;
            i=m;
        }
        else if( x[ m ]<min)
        {
            min=x[ m ] ;
            _____;
        }
    }
    printf( "最大值元素为%3d\n" ,max) ;
    printf( "最小值元素为%3d\n" ,min) ;
    t=x[ i ] ;x[ i ] =x[ 9 ] ;x[ 9 ] =t;
    t=x[ j ] ;x[ j ] =x[ 0 ] ;x[ 0 ] =t;
}
int main( )
{
    int i,a[ 10 ] ={ 12,34,56,6,7,8,9,10,2,3} ;
    printf( "交换前的 10 个元素分别为:\n" ) ;
    for( i=0;i<10;i++)
        printf( "%3d" ,a[ i ] ) ;
    printf( "\n" ) ;
    _____;
    printf( "交换后的 10 个元素分别为:\n" ) ;
    for( i=0;i<10;i++)
        printf( "%3d" ,a[ i ] ) ;
    printf( "\n" ) ;
    return 0;
}
```

**【实验 7-4】提高性实验**

1. 采用递归方法在屏幕上显示如下所示的杨辉三角形。

```
        1
        1   1
        1   2   1
        1   3   3   1
        1   4   6   4   1
        1   5   10  10  5   1
        1   6   15  20  15  6   1
        1   7   21  35  35  21  7   1
        1   8   28  56  70  56  28  8   1
        1   9   36  84  126 126 84  36  9   1
```

(1)实验步骤与提示。

①第一列及对角线的元素均为 1。

②其他元素为其所在位置的上一行对应列和上一行前一列元素之和。

③编写函数,求杨辉三角形中第 x 行第 y 列的值。

(2)程序的参考结构。

```
#include <...>      //包含所需的头文件
int main( )
{   定义变量;
    从键盘输入需要输出的杨辉三角形的行数;
    用循环来依次输出第 i 行第 j 列值;
    自定义函数 func(求杨辉三角形中第 x 行第 y 列的值)
    int func( int x,int y)
    {
        int z;
        if((y==1)||(y==x))
            z=1;
        else
            z=func(x-1,y-1)+func(x-1,y);
        return (z);
    }
}
```

2. 编写程序,求 3 个数的最大公约数和最小公倍数。

(1)编写两个函数,分别求 3 个数的最大公约数和最小公倍数,用主函数调用这两个函数,并输出结果。3 个数由用户输入。

（2）实验步骤。

①先编写一个用于求两个数的最大公约数的函数。

②再编写一个用于求两个数的最小公倍数的函数。

③编写主函数,在主函数中输入 3 个数,调用函数求前两个数的最大公约数,并将其最大公约数赋给一个变量。再次调用函数求前两个数的最大公约数与第 3 个数的最大公约数,所求结果即为 3 个数的最大公约数。类似的方法用于求 3 个数的最小公倍数。

④输出结果。

【实验 7-5】综合、设计性实验

1. 编写程序,能够输入 100 个学生的学号和姓名,并将学生按照学号由小到大排序。当输入一个学号时用折半查找法找出该学生的姓名。

（1）分析与提示。分别编写 3 个函数,一个函数 inputdata 用于完成 100 个学生的数据的录入,一个函数 sort 用于按学号进行排序,一个函数 search 用折半查找法找出指定学号的学生姓名。

（2）参考如下代码段。

下面给出 3 个函数的参考代码:

```
void inputdata(int num[ ],char name[N][8])
{
    int i;
    for (i=0;i<N;i++)
    {
        printf("input NO.:");
        scanf("%d",&num[i]);
        printf("input name:");
        getchar();
        gets(name[i]);
    }
}
void sort(int num[ ],char name[N][8])
{
    int i,j,min,templ;
    char temp2[8];
    for (i=0;i<N-1;i++)
    {
        min=i;
```

```
        for (j=i;j<N;j++)
            if (num[min]>num[j])   min=j;
        templ=num[i];
        strcpy(temp2,name[i]);
        num[i]=num[min];
        strcpy (name[i],name[min]);
        num[min]=templ;
        strcpy(name[min],temp2);
    }
    printf(" \n result:\n");
    for (i=0;i<N;i++)
        printf(" \n %5d%10s",num[i],name[i]);
}
void search(int n,int num[],char name[N][8])
{
    int top,bott,mid,loca,sign;
    top=0;
    bott=N-1;
    loca=0;
    sign=1;
    if ((n<num[0])||(n>num[N-1]))
        loca=-1;
    while((sign==1) && (top<=bott))
    {
        mid=(bott+top)/2;
        if (n==num[mid])
        {
            loca=mid;
            printf("NO.%d , his name is %s. \n",n,name[loca]);
            sign=-1;
        }
        else
            if (n<num[mid])
                bott=mid-1;
            else
                top=mid+1;
    }
    if (sign==1 || loca==-1)
        printf("%d not been found. \n",n);
}
```

# 实验 8　指　　针

## 一、实验目的与要求

1. 理解指针的概念,能正确定义和使用指针变量。
2. 能正确定义数组的指针,熟练使用指针访问数组元素。
3. 能正确使用指向字符串的指针变量。
4. 能正确使用常见的字符串处理函数。

## 二、实验内容与步骤

【实验 8-1】指针阅读实验

阅读下面程序,先判断结果,再运行程序并输入数据,验证判断的正误。

1. 假定从键盘上输入"6,8<回车>",下面程序的输出结果是_____。

```
#include <stdio. h>
int main( )
{
    int a,b;
    int  * p1,  * p2;
    p1 = &a;
    p2 = &b;
    printf( " \nPlease input a,b:" ) ;
    scanf( "%d,%d" ,&a,&b) ;
    printf( " \na = %d,b = %d" ,a,b) ;
    printf( " \np1->%d,p2->%d" ,  * p1,  * p2) ;
    return 0;
}
```

2. 假定从键盘上输入"6,8<回车>",下面程序的输出结果是_____。

```
#include <stdio. h>
void function( int  * x,int  * y)
{
    int t;
    t = * x;
```

```
    * x = * y;
    * y = t;
}
int main( )
{
    int a,b;
    int * p1, * p2;
    p1 = &a;
    p2 = &b;
    printf( " \nPlease input a,b:" );
    scanf( "%d,%d" ,&a,&b) ;
    printf( " \na = %d,b = %d" ,a,b) ;
    function( p1,p2) ;
    printf( " \nNow a = %d,b = %d" ,a,b) ;
    return 0;
}
```

提示:保存文件,阅读和运行程序,指出程序为什么会得到这样的结果以及函数的功能是什么。

3. 假定从键盘上输入"2 3 5 7 4 8 9 8 1 0<回车>",下面程序输出的结果是_____。

```
#include <stdio. h>
int main( )
{
    int i,a[ 10] ;
    int * p;
    printf( " \nPlease input array a:" );
    for( i = 0;i<10;i++)
        scanf( "%d" ,&a[ i] ) ;
    p = &a[ 0] ;
    printf( " \nThe array is:" ) ;
    for( i = 0;i<10;i++)
    {
        printf( "%4d", * p) ;
        p++;
    }
```

```
        return 0;
    }
```

提示:保存文件,阅读和运行程序,指出程序为什么会得到这样的结果。

试一试:如果将程序的第 9 行 p=&a[0];改成 p=a;,程序将得到怎样的结果? 请说明原因。

4. 从键盘上输入"Cprogram<回车>",下面程序的输出结果是_____。

```
#include <stdio. h>
int main( )
{
    char str[20], * p;
    p=str;
    scanf("%s",p);
    printf(" \n\n string=%s\n",str);
    return 0;
}
```

提示:保存文件,再次运行程序,当程序需要输入数据时,从键盘上输入 "C program"回车,查看输出结果。比较两次的输出结果,指出为什么两次的结果不同。

试一试:将程序第 6 行 scanf("%s",p);改成 gets(p);,两次运行程序,在输入数据时分别输入"Cprogram"和"C program",比较两次的输出结果,指出这两次结果和上面的两次结果有什么区别。

【实验 8-2】指针的修改与调试

1. 编写程序,输入 a 和 b 两个整数,按照先大后小的顺序输出 a 和 b,利用指针实现。

实验步骤:

(1)设计程序结构,参考以下伪代码:

```
#include <...>   //包含所需的头文件
void swap( int  * p1,int  * p2)
{   定义变量;
    数据交换;
}
int main( )
```

```
{
    定义整型变量和指针变量;
    提示并接收输入整型变量的值;
    指针赋值;
    if(a<b)调用函数;
    输出数据;
    return 0;
}
```

（2）根据题目要求确定变量的个数,定义变量,然后输入变量的值,写出完整的程序代码。

（3）编译运行程序,观察结果并判断正误,如有错误请改正,直到正确为止。下面给出参考程序代码:

```
#include <stdio. h>
void swap( int * p1,int * p2)
{
    int * p;
    p=p1;p1=p2;p2=p;
}
int main( )
{
    int a,b, * pt1, * pt2;
    scanf("%d,%d",&a,&b);
    pt1=&a;pt2=&b;
    if(a<b)swap(pt1,pt2);
    printf("%d,%d\n", * pt1, * pt2);
    return 0;
}
```

提示:上机调试此程序。如果不能实现题目要求,请找出程序中的错误,并加以修改。

2. 编写函数 length( char * s),求字符串的长度,写出完整程序。

实验步骤:

（1）设计程序结构,参考以下伪代码:

```
#include <...>   //包含所需的头文件
int length( char  * s)
{   定义变量;
    依次统计串中字符个数,遇到'\0 '停止;
    返回值;
}
int main( )
{
    定义字符数组 str 并初始化;
    调用函数,实参为字符数组名;
    输出数据;
    return 0;
}
```

(2)根据题目要求定义字符数组 str 并初始化,分析如何求字符串的长度,写出完整的程序代码。

(3)编译运行程序,观察结果并判断正误,如有错误请改正,直到正确为止。

下面给出参考程序代码:

```
#include <stdio. h>
int length( char s)
{
    int n=0;
    while( * (s+n)! ='\0 ')
        n++;
    return n;
}
int main( )
{
    int x;
    char str[ ] =" this is a book";
    x=length( str) ;
    printf( " length=%d\n" ,x) ;
    return 0;
}
```

提示:上机调试此程序。如果不能实现题目要求,请找出程序中的错误,并加以修改。

【实验 8-3】指针程序填空

1.下面是分别采用下标法、数组名法和指针法访问数组元素,求出 10 个数中的最大值的 3 个程序,但不完整,请补充并调试该程序,使之正确并写出调试过程。

(1)下标法。

```
#include <stdio. h>
int main()
{
    int a[10],i,max;
    for (_____)
        scanf ("%d", _____);
    max = a[0];
    for (_____)
        if (_____) max = a[i];
    printf ("MAX=%d\n",max);
    return 0;
}
```

(2)数组名法。

```
#include <stdio. h>
int main()
{   int a[10],i,max;
    for (_____)
        scanf ("%d", a+i);
    max = *a;
    for (_____)
        if (_____)   max = *(a+i);
    printf ("MAX=%d\n",max);
    return 0;

}
```

(3)指针法。

```
#include <stdio. h>
int main()
```

```
    int a[10];
    int * p, max;
    for (_____)
        scanf ("%d", p);
    p=a;
    max=p[0];
    for (_____)
        if (_____) max = * p;
    printf ("MAX=%d\n", max);
    return 0;
}
```

2. 输入一个字符串,将其中的大写字母转换成小写字母,然后输出。

(1)分析与提示。用 scanf() 输入时遇到空格时认为字符串结束,用 gets() 输入时只有遇到回车才认为字符串结束。如键入"hello world"并回车,则 scanf ("%s",s)的结果为:

| h | e | l | l | o | \0 |
|---|---|---|---|---|----|

gets(s)的结果为:

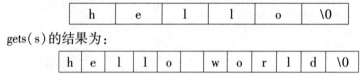

| h | e | l | l | o | | w | o | r | l | d | \0 |
|---|---|---|---|---|---|---|---|---|---|---|----|

(2)下面采用字符数组和字符指针变量来实现。

①字符数组实现。

```
#include <stdio. h>
int main()
{
    char a[40]; int i;
    scanf(_____);
    for(_____)
        if(_____)   a[i]=a[i]+' a '-' A ';
    i=0;
    while(_____)
    {
        printf ("%c", a[i]);
        i++;
    }
    return 0;
}
```

②字符指针变量实现。

```
#include <stdio. h>
int main( )
{
    char a[40];
    char * p=a;
    scanf("%s",p);
    while(_____)
    {    if(_____)    * p= * p+('a'-'A');
    }
    p=a;
    puts (_____);
    return 0;
}
```

（3）请用 gets 语句改写以上程序。

【实验 8-4】提高性实验

1. 编写程序,从一个 3 行 4 列的二维数组中找出最大数所在的行和列,并将最大值及所在行列值打印出来。要求将查找功能编一个函数,二维数组的输入在主函数中进行,并将二维数组通过指针参数传递的方式由主函数传递到子函数中。

（1）实验步骤与提示。

①定义符号常量 ROW 3、COL 4,利用符合常量定义一个 3 行 4 列的二维数组。

②在主函数中,输入 12 个数。

③在主函数中调用查找函数,实参 a 是二维数组名,对应形参可定义为指向一维数组的行指针。

④查找函数功能:计算 3 行 4 列二维数组中元素的最大值,并指出其所在行列下标值。函数返回值返回数组元素的最大值。

⑤在主函数中输出二维数组的最大值及所在行列值。

（2）程序的参考结构。

```
#include <...>//包含所需的头文件
#define ROW...
#define COL...
```

```
int main( )
{   定义变量;
    从键盘输入 12 个数;
    函数调用;
    输出二维数组的最大值及所在行列值;

函数定义( )
{
    定义变量;
    置初值,假设第一个元素值最大;
    利用 for 循环记录当前最大值,记录行下标,记录列下标;
    返回最大值;
}
```

如函数调用:max＝FindMax(a,ROW,&row,&col);

函数定义:

int FindMax(int (＊a)[COL],int m,int ＊pRow,int ＊pCol)

求函数最大值即其行列值语句:

```
max＝＊(＊(a+0)+0);//置初值,假设第一个元素值最大
＊pRow＝0;
＊pCol＝0;
for(i＝0;i<m;i++)
{   for(j＝0;j<COL;j++)
    {   if(＊(＊(a+i)+j)>max)
        {   max＝＊(＊(a+i)+j);
            ＊pRow＝i;
            ＊pCol＝j;
        }
    }
}
return (max);
```

2. 编写一个函数,当输入 n 为偶数时,调用函数求 1/2+1/4+…+1/n,当输入 n 为奇数时,调用函数求 1/1+1/3+…+1/n(利用函数指针)。

(1)实验步骤与提示。

①在主函数中,定义变量,输入整数 n。

②主函数中先判断 n 是否大于 1,如果 n 是偶数,调用函数,将求 1/2+1/4 +…+1/n 的函数的入口地址作为实参传递给子函数,如果 n 是偶数,将调用函数,将求 1/1+1/3+…+1/n 的函数入口地址作为实参传递给子函数。

③在主函数中输出求和。

④子函数 dcall 功能:形参是函数指针,用来调用求奇数或偶数的函数。

⑤子函数 peven 功能:当 n 为偶数时,求和。

⑥子函数 podd 功能:当 n 为奇数时,求和。

(2)程序的参考结构。

```
#include <...> //包含所需的头文件
子函数 float peven(int n)
{
    定义变量及赋值;
    利用循环求和:
    for(i=2;i<=n;i+=2)
        s+=(float)1/i;
    返回值;
}
子函数 float podd(int n)
{
    定义变量及赋值;
    利用循环求和:
    for(i=1;i<=n;i+=2)
        s+=(float)1/i;
    返回值;
}
子函数 float dcall(float ( * fp)(int n),int n)
{
    定义变量及赋值;
    s=fp(n);
    返回值;
}
int main( )
{
    定义变量;
    while (1)
```

```
{     输入 n;
      if(n<1)   break;
      else if(n%2==0) sum=dcall(peven,n);
      else sum=dcall(podd,n);
      输出 sum;
}
      返回值;
}
```

【实验 8-5】综合、设计性实验

1. 假设有 a 个学生,每个学生有 b 门课程的成绩。①找出有 1 门以上课程不及格的学生,输出他们的学号和全部课程成绩及平均成绩;②找出平均成绩在 85 分以上的学生(假设有 3 个学生,每个学生有 4 门课)。

(1)分析与提示。程序中 num 是存放 N 个学生学号的一维数组,course 是存放 M 门课程名称的二维字符数组。定义二维数组 score[N][M]存放 N 个学生 M 门课成绩,aver 是存放每个学生平均成绩的数组。pnum 是指向 num 数组的指针变量,pcourse 是指向 course 数组的指针变量,pscore 是指向 score 数组的指针变量,paver 是指向 aver 数组的指针变量,定义求每个学生的平均成绩的函数 avsco,定义找出 1 门课不及格的学生的函数 fail,定义求平均成绩在 85 分以上的学生的函数 good。

下面给出一些程序的结构和代码,以供参考:

程序的参考结构如下:

```
#include <...> //包含所需的头文件
定义符号常量
int main( )
{   函数声明;
    定义变量;
    输入课程名称;
    输入学号、各门课成绩;
    调用求每个学生平均成绩的函数;
    调用找 1 门课不及格的学生函数;
    调用找平均成绩在 85 分以上的学生的函数;
}
```

(2)参考代码段(或者伪代码、或者部分关键代码等均可)。

①包含头文件和宏定义。

```
#include <stdio. h>
#define N 3        //N 存放学生个数
#define M 4        //M 存放每个学生课程门数
```

②main 函数。

```
int main( )
{    void avsco( float * ,float * );
     void fail( char course[M][10],int num[ ],float * pscore,float aver[N]);
     void good( char course[M][10],int num[N],float * pscore,float aver[N]);
     int i,j, * pnum,num[N];
     float score[N][M],aver[N], * pscore, * paver;
     char course[M][10],( * pcourse)[10];
     printf("input course:\n");
     pcourse = course;
     for (i=0;i<M;i++)
         scanf("%s",course[i]);
     printf("input NO. and scores:\n");
     printf("NO. ");
     for (i=0;i<M;i++)
         printf(",%s",course[i]);
     printf("\n");
     pscore = &score[0][0];
     pnum = &num[0];
     for (i=0;i<N;i++)
     {   scanf("%d",pnum+i);
         for (j=0;j<M;j++)
             scanf("%f",&score[i][j]);
     }
     paver = &aver[0];
     printf("\n\n");
     avsco( pscore,paver);             //求出每个学生的平均成绩
     printf("\n\n");
     fail( pcourse,pnum,pscore,paver); //找出 1 门课不及格的学生
     printf("\n\n");
     good( pcourse,pnum,pscore,paver);       //找出成绩好的学生
     return 0;
}
```

③求每个学生的平均成绩的函数。

```
void avsco(float * pscore,float * paver)
{   int i,j;
    float sum,average;
    for (i=0;i<N;i++)
    {   sum=0.0;
        for (j=0;j<M;j++)
            sum=sum+( * (pscore+M * i+j));    //累计每个学生的各科成绩
        average=sum/M;                        //计算平均成绩
         * (paver+i)=average;
    }
}
```

④找 1 门以上课程不及格的学生的函数。

```
void fail(char course[M][10],int num[ ],float * pscore,float aver[N])
{   int i,j,k,flag;
    printf(" =====Student who is fail in 1 courses ===== \n");
    printf("NO. ");
    for(i=0;i<M;i++)
        printf("%11s",course[i]);
    printf("    average\n");
    for (i=0;i<N;i++)
    {   flag=0;
        for (j=0;j<M;j++)
            if ( * (pscore+M * i+j)<60.0) flag=1;
        if(flag)
        {   printf("%d",num[i]);
            for (k=0;k<M;k++)
                printf("%11.2f", * (pscore+M * i+k));
            printf("%11.2f\n",aver[i]);
        }
    }
}
```

⑤找成绩优秀学生(平均 85 分以上)的函数。

```
void good( char course[M][10],int num[N],float  * pscore,float aver[N])
{    int i,j,k,n;
     printf(" ======Students whose score is good======\n");
     printf("NO. ");
     for(i=0;i<M;i++)
         printf("%11s",course[i]);
     printf("      average\n");
     for (i=0;i<N;i++)
     {
         if (aver[i]>=85)
         {    printf("%d",num[i]);
              for (k=0;k<M;k++)
                  printf("%11.2f", * (pscore+M * i+k));
              printf("%11.2f\n",aver[i]);
         }
     }
}
```

2. 多个字符串排序问题。给定下列一批国家名:" CHINA"（中国）,
"JAPAN"（日本）,"PHILIPPINES"（菲律宾）,"KOREA"（朝鲜）,"INDONESIA"
（印度尼西亚）,"SINGAPORE"（新加坡）,"POLAND"（波兰）,"FRANCE"（法兰
西）," ITALY"（意大利）," MOROCCO"（摩洛哥）," BELGIUM"（比利时）,"
URUGUAY"（乌拉圭）,"MEXICAN"（墨西哥）。试按字母递增顺序对这些国家
名进行排序。

（1）分析与提示。在该程序中,首先对字符指针数组进行初始化,并采用冒
泡排序法进行排序。

冒泡排序法的基本思想:设有 N 个数依次放在数组 A 中,先比较 A[0]和
A[1],若 A[0]>A[1],则交换 A[0]与 A[1]的位置;接着比较 A[1]（新的）与
A[2],若 A[1]>A[2],则交换 A[1]与 A[2]的位置……依次进行下去,直到
A[N-2]与 A[N-1]比较完毕,才完成了第一轮比较交换。然后按同样规则再
从头进行第二轮比较交换,一直到进行完第 N-1 轮比较为止。

对于有 N 个元素的数组进行冒泡排序,必须有 N-1 轮冒泡,每轮排好一个
元素。根据冒泡排序法的原理 ,请仔细分析上述程序。在这个程序中 ,使用了
标准库函数 strcmp(s1,s2),其功能是比较两个字符串的大小。若串 1>串 2,则
返回一个正数;若串 1=串 2,则返回 0;若串 1<串 2,则返回一个负数。

（2）参考代码段。

```
#include <stdio. h>
#include <string. h>
int main( )
{   char * state[ ] = { "CHINA","JAPAN","PHILIPPINES","KOREA",
                  " INDONESIA "," SINGAPORE "," POLAND "," FRANCE ",
                  "ITALY"," MOROCCO "," BELGIUM "," URUGUAY ",
                  "MEXICAN" } ;
    char * s;
    int i,j,n;
    printf( "Enter number of the state n:\n" ) ;
    scanf( "%d" ,&n) ;
    for( i = n-2;i> = 0;i--)
    {
        for( j = 0;j< = i;j++)
            if( strcmp( state[ j] ,state[ j+1] )>0)
            {
                s = state[ j] ;
                state[ j] = state[ j+1] ;
                state[ j+1] = s;
            }
    }
    for( i = 0;i<n;i++)
        printf( "%s\n" ,state[ i] ) ;
    return 0;
}
```

# 三、常见错误说明

1. 对指针变量赋予非指针值,如:

```
int i, * p;
p = i;
```

由于 i 是整型,而 p 是指向整型的指针,它们的类型并不相同,p 所要求的是
一个变量的地址,因此应该改为:

```
p = &i;
```

2. 使用指针之前没有让指针指向确定的存储区,如:

```
char  * str;
scanf( "%s" , str)
```

这里 str 没有具体的指向,接收的数据是不可控制的,应该特别记住,指针不是数组。上面的语句可改为:

```
char c[80] , * str;
str = c;
scanf( "%s" , str) ;
```

3. 向字符数组赋字符串。由于看到字符指针指向字符串的写法,如:

```
char  * str;
str = "This is a string";
```

就以为字符数组也可以写为如下形式:

```
char s[80];
s = "This is a string" ;
```

上述写法是错误的。C 语言不允许同时操作整个数组的数据,这时,可用字符串拷贝函数:

```
strcpy( s , "This is a string" );
```

4. 希望获得被调函数中的结果,却没有用指针,如:

```
int a , b;
a = 5 ;
b = 10 ;
swap( a , b ) ;
printf( "%d%" , a , b ) ;
…
void swap( x , y )
int x , y ;
{…}
```

由于 C 语言的参数都是传值的,要想得到被调函数中的结果就需要使用指

针,如:

```
swap(&a,&b);
…
…
void swap(x,y)
int * x, * y;
{…}
```

5. 指针做非法操作,如:

```
int * l, * r, * x;
x=(l+r)/2;
```

由于 l 和 p 都是指针,它们不能相加,赋值可写为:

```
x=l+(r-1)/2;
```

6. 指针超越数组范围,如:

```
int a[10],i, * p;
p=a;
for(i=0;i<10;i++)
{   scanf("%d",P);
    p++;
}
for(i=0;j<10;i++)
{   printf("%d", * p);
    p++;
}
```

第一个 for 循环已使指针 p 移出了数组 a 的范围,第二个 for 循环在操作时 p 始终处在数组 a 之外。在使用指针操作数组元素时,应随时注意不要让指针越界。上面程序可以在两个 for 循环之间加上一句 p=a;,使 p 重新指向数组 a 的开始处。

7. 指向不同类型的指针一起操作,如:

```
int  * ipt;
float  * fpt;
if( ipt-fpt>0)
. . .
```

由于 fpt 和 ipt 指向不同类型的数据,它们之间根本不能一起参加运算,所以这是错误的。

8. 不同类型的指针赋值,如:

```
int  * p;
char  * sf( );
p = sf(…);
```

这里 p 是指向整型的指针,而 sf 返回指向 char 型的指针,这种赋值是不合理的,要将返回结果送给 p,可用强迫类型转换,如:

```
p = ( * int)sf(…);
```

# 实验9　结构体与共用体

## 一、实验目的与要求

1. 掌握结构体类型的概念和定义方法以及结构体变量的定义和使用方法。
2. 掌握结构体数组的概念和使用方法。
3. 掌握指向结构体变量的指针变量的概念和应用,特别是链表的概念,初步掌握链表的基本操作方法。
4. 掌握共用体的概念和使用方法。

## 二、实验内容与步骤

【实验9-1】程序阅读实验

阅读下面程序,先判断结果,再输入并运行程序,验证判断的正误。

1. 下面程序的运行结果是_____。

```c
#include <stdio. h>
#include <stdlib. h>
int main( )
{   struct datetype
    {   int year;
        int month;
        int day;
    };
    struct studenttype
    {   int num;
        char * name;
        char sex[3];
        struct datetype birthday;
        float score;
    };
    struct studenttype stu={10123,"Zhang","M",{1980,3, 20} ,90};
    printf("学号:%d\n" ,stu. num);
    printf("姓名:%s\n" ,stu. name);
    printf("性别:%s\n" ,stu. sex);
```

```
    printf("生日:%d 年%d 月%d 日\n",stu. birthday. year, stu. birthday. month,
        stu. birthday. day);
    printf("成绩:%4. 1f\n",stu. score);
    return 0;
}
```

试一试:

①修改程序,通过格式输入函数 scanf( )为结构体变量赋值,讨论语句的书写及程序运行过程中键盘输入的格式。

②更改结构体类型的定义位置(由主函数内部更改至主函数外部,或相反),再次运行程序,并观察运行结果。

2. 下面程序的运行结果是_____。

```
#include <stdio. h>
#include <stdlib. h>
int main( )
{
    union exam
    {
        int a;
        float b;
        char c;
    }x,y;
    x. a=3;
    y=x;
    printf("%d\n",y. a);
    return 0;
}
```

试一试:将上面程序中的共用体定义(union exam)改为结构体定义(struct exam),并运行调试,比较共用体和结构体类型的区别与联系。

3. 下面程序中有错误,请改正,改正后程序的输出结果是_____。

```
#include <stdio. h>
enum weekday
{   Mon=1,Tue,Wed,Thu,Fri,Sat,Sun};
    char * name[8] = {" error"," Mon"," Tue"," Wed"," Thu"," Fri", " Sat",
                    "Sun"};
```

```
int main( )
{
    enum weedday day;
    printf("输入今天是星期几的序号(1-7):");
    scanf("%d",&day);
    if( (day>0)&&(day<7))( *(int *)&day)++;
    else if(day==7) day=1;
    else day=0;
    if(day)                    //输出
        printf("Tomorrow is %s. \n",name[day]);
    else
        printf("%s\n",name[day]);
    return 0;
}
```

试一试:将程序的输出部分 if 语句改为如下 switch 语句,并调试运行,观察并分析运行结果。

参考程序如下:

```
switch(day)
{
    case 1:printf("Mon"); break;
    case 2:printf("Tue");break;
    case 3:printf("Wed");break;
    case 4:printf("Thu");break;
    case 5:printf("Fri");break;
    case 6:printf("Sat");break;
    case 7:printf("Sun");break;
    default:printf("error");
}
```

【实验 9-2】程序的修改与调试

1. 建立一个学生电话簿的单向链表,并输出。

(1)分析与提示。建立链表的算法。设一个头指针 head,初值为 NULL,设两个工作指针 p 和 q,p 用于开辟新结点,q 指向当前链表的尾结点,q 的作用是承接新结点,利用 q->next=p 使尾结点与新结点相连接,连接过程中注意如果 p 是第一个结点,应该使头指针指向新结点。

（2）实验步骤。

①参考算法提示，建立程序的结构。

②根据要求设定所需变量及其类型，并编写完整的程序。

③调试并运行程序，直到正确为止。

④参考下面的程序段，为程序加上输出链表的代码。

```
p=head;
while(p! =NULL)
{   printf("%s\t%s\n",p->name,p->tel);
    p=p->next;
}
```

再次运行程序，分析运行结果。

⑤在上题的基础上，如果循环条件改为（p->next! =NULL），再次运行程序，运行结果与②有何不同？分析原因。

⑥在本程序中，如果去掉链表头指针 head，会有什么后果？请修改并运行程序，分析运行结果。

（3）参考程序代码。

```
#include <stdio. h>
#include <stdlib. h>
#include <string. h>
#define NEW (struct node * ) malloc( sizeof( struct node) )
struct node                //定义结构体类型
{   char name[20],tel[9];
    struct node * next;
};
int main( )
{   struct node * head;
    struct node * p, * q;
    char name[20];
    head=q=NULL;
    printf("姓名:\n");
    gets(name);
    while (strlen(name)! =0)
    //如果输入的姓名不是空串,就为其开辟结点
    {   p=NEW;                    //开辟新结点
```

```
        if( p = = NULL)                //p 为 NULL,新结点分配失败
        {   printf("内存分配申请失败\n");
            exit(0);                   //结束程序运行
        }
        strcpy(p->name,name);          //为新结点中的成员赋值
        printf("电话号码:\n");
        gets(p->tel);
        p->next=NULL;
        if(head= =NULL)    //head 为空,表示新结点为第一个结点
            head=p;                    //头指针指向第一个结点
        else                //head 不为空
            q->next=p;                 //新结点与尾结点相连接
        q=p;                           //使 q 指向新的尾结点
        printf("姓名:\n");
        gets(name);
    }
    return 0;
}
```

2. 下面的程序完成输入 10 个数 a1,a2,a3,…,a10,将它们从大到小排序后输出,并给出每个输出值所对应的原来输入次序。请输入并调试、修改程序使之正确运行。

```c
#include <stdio. h>
#include <stdlib. h>
struct sz
{   int data;
    int order;
};
int main( )
{   struct sz a[11],temp;
    int i,j;
    for(i=1;i<=10;i++)
    {   printf("\n 输入第%d 个数:",i);
        scanf("%d",&a[i]. data);
        a[i]. order=i;
    }
```

```
    for(i=1;i<10;i++)
        for(j=i;j<10;j++)
            if(a[j].data<a[j+1].data)
            {   temp=a[j];
                a[j]=a[j+1];
                a[j+1]=temp;
            }
    printf("数据\t原顺序\n");
    for(i=1;i<=10;i++)
        printf("%d\t%d \n",a[i].data,a[i].order);
    return 0;
}
```

（1）分析与提示。首先定义结构体类型，该结构体包含两个成员，其中一个存放数据，另外一个存放该数据的输入次序。在此基础上，定义包含 10 个元素的结构体数组 a，分别存放输入的 10 个数据以及它们的输入次序。应用冒泡法排序，对数组 a 进行从大到小排序，注意在完成交换时，中间变量应与数组元素类型相同，均为结构体类型，最后输出结构体数组 a 的各元素值。

（2）实验步骤。

①运行程序，输入 10 个数据，分析运行结果。

提示：使用调试程序，使用单步执行检测循环结构的运行情况，找出错误并改正。

②将结构体数组定义 struct sz a[11];改为 struct sz a[10];,再次运行程序，分析运行结果。若想使运行结果正确，程序应该怎样修改？

提示：注意数组下标的使用范围及本程序在 for 语句中对循环控制变量 i 值范围的设定。

③将输入函数 scanf("%d",&a[i].data);改为 scanf("%d",&a[i]);,运行程序，分析运行结果。

提示：注意结构体类型变量的引用规则。

④如果不定义结构体类型，应该如何解决本问题？试编程序并运行，观察运行结果与①是否相同。

提示：

方案一：可以使用包含 10 行 2 列的二维数组，第 0 列记录需要保存的 10 个数据，第 1 列记录这些数的输入顺序，排序过程中如果需要交换元素，则按行进行交换。

方案二:可以定义 2 个包含 10 个元素的一维数组,分别记录 10 个数据及其输入顺序,在对记录数据的数组排序的过程中,如果需要交换数组元素,则同时交换记录顺序的数组对应的元素。

【实验 9-3】提高性实验

1. 输入一个日期,计算并输出该日期是本年中的第几天。

(1)分析与提示。应用结构体类型完成本程序的设计,在计算过程中考虑闰年。

(2)实验步骤。

①数据类型设计。定义结构体,包含 3 个成员:年(year)、月(month)、日(day)。在此基础上,定义包含 12 个元素的结构体数组,并将各元素的初值设置成对应月的天数,2 月份的天数直接设置成 28。

②设计程序结构,并编写完成的程序。当输入一个日期后,根据成员 month 的值,将结构体数组的下标设置为 1~month 的元素值相加,接着判断该年(year)是否为闰年,如果是闰年,则在天数上加 1,最后输出运算结果。算法参考流程如图 2-9-1 所示。

③调试并运行程序。

2. 设学生数据包括学号、姓名和成绩,从键盘输入 5 个学生的数据(假设按学号的升序进行输入),要求输出学生数据,并输出所有学生的平均成绩。

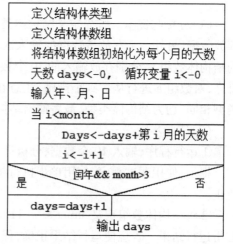

图 2-9-1　实验 9-3 算法流程

(1)分析与提示。采用静态数据结构,即定义一个结构体数组,存放 5 个学生信息,实现指定的操作。采用动态数据结构,建立一个包括 5 个学生数据的单向链表,实现指定的操作。

(2)实验步骤。

①建立程序的基本结构。

②采用静态数据结构完成程序功能。首先根据需要保存的学生数据定义结构体类型,再定义包含 5 个元素的结构体类型数组。以循环的方式输入 5 个学生的信息,并统计所有学生的总成绩,最后按要求输出结果。

③采用动态数据结构完成程序功能。本程序应该包括建立链表函数、输出链表函数和主函数。通过主函数调用其他函数,实现程序功能,其中建立链表和

输出链表的算法请参阅配套教材。

在输出链表函数中,输出学生数据的同时统计学生人数和计算学生总成绩,得到所有学生的总平均成绩。

④比较两种数据结构的优劣。如果要求能够在已有数据中插入或删除一个学生数据,应该采取哪种操作?

⑤修改步骤③所编写的程序,使之在原有功能的基础上能够实现插入和删除学生结点数据的操作,每次操作后均输出链表数据。在插入或删除结点时,当输入的学号为 0 则结束插入或删除操作。

| 定义结构体类型、定义变量 |
| 调用建立链表函数 |
| 调用输出链表函数 |
| 输入要插入的学生学号 |
| 当学号≠0 |
| 　调用插入结点函数 |
| 　调用输出链表函数 |
| 　输入要插入的学生学号 |
| 输入要删除的学生学号 |
| 当学号≠0 |
| 　调用删除结点函数 |
| 　调用输出链表函数 |
| 　输入要删除的学生学号 |

图 2-9-2　链表操作的主函数算法

提示:

● 在步骤③所编写的程序中增加插入结点函数和删除结点函数,并通过主函数进行调用。插入结点和删除结点的算法参考配套教材。

● 主函数算法参考图 2-9-2。

【实验 9-4】综合、设计性实验

1. 在一个工人工资管理系统中,工资项目包括编号、姓名、基本工资、奖金、支出、实发工资(实发工资=基本工资+奖金-支出)。输入 10 名工人除实发工资外的基本信息,求每名工人的实发工资,输出所有工人的全部信息,以及实发工资最高的工人姓名与实发工资。

(1)分析与提示。可按照下面的顺序来实现程序的功能。

程序 1:编写程序完成工资管理系统的输入和输出。首先定义结构体类型数组来存储工人的相关信息,通过循环输入各工资项目(不包括实发工资)并保存在数组中,最后输出数组各元素的值。

程序 2:编程序完成实发工资的计算和输出。在程序 1 的基础上,将每个工人的实发工资按照"实发工资=基本工资+奖金-支出"进行计算,并保存在结构体数组元素的相应成员中,并输出。

程序 3:编程序完成 10 名工人基本信息的输入,并计算每名工人的实发工资,通过循环在 10 名工人中查找实发工资最高者,按照要求输出相关信息。

(2)参考程序段。下面给出了一些程序结构和代码,以供参考。

①程序 1 的参考结构:

```
#include <...>//包含所需的头文件
int main( )
{   定义结构体类型;
    定义结构体类型数组;
    定义变量并初始化;
    提示并输入工人的工资信息(不含实发工资);
    输出结构体数组各元素的值;
}
```

②程序 2 的参考结构:

```
#include <...>//包含所需的头文件
int main( )
{   定义结构体类型;
    定义结构体类型数组;
    定义变量并初始化;
    while(循环继续条件)
    {   提示并输入工人的工资信息(不含实发工资);
        计算实发工资并存入数组;
    }
    输出结构体数组各元素的值(含实发工资);
}
```

③程序 3 的参考结构:

```
#include <...>//包含所需的头文件
int main( )
{   定义结构体类型;
    定义结构体类型数组;
    定义变量并初始化;
    while(循环继续条件)
    {   提示并输入工人的工资信息(不含实发工资);
        计算实发工资并存入数组;
    }
    while(循环继续条件)
    {   if 当前工人的实发工资比 max 高则修改 max 的值,并记录当前下标;
```

```
    }
    输出结构体数组各元素的值(含实发工资);
    按要求输出实发工资最高的工人信息;
}
```

# 实验 10　文　　件

## 一、实验目的与要求

1. 掌握文件、缓冲文件和文件指针的概念。
2. 掌握文件的基本操作。
3. 能够将不同的数据存入或读出文件。
4. 熟练掌握文件操作相关函数的使用,如文件的打开、文件的关闭、文件的顺序读写、文件的随机读写和文件的定位等。

## 二、实验内容与步骤

注意:约定本章所有实验中程序文件及所用数据文件均存放于同一路径 D:\file 文件夹下。

【实验 10-1】文件操作程序阅读

1. 字符读写函数 fgetc( )和函数 fputc( )的使用,输入并运行以下程序,查看相关文件,分析运行结果。

```c
#include <stdio. h>
#include <stdlib. h>
int main( )
{
    FILE  * fp1, * fp2;
    char ch;
    if( ( fp1 = fopen( " source_1. txt" , " r" ) ) = = NULL)
        exit( 1 ) ;
    if( ( fp2 = fopen( " target_1. txt" , " w+" ) ) = = NULL)
        exit( 1 ) ;
    while( ( ch = fgetc( fp1 ) )！ = EOF)
        fputc( ch, fp2 ) ;
    fclose( fp1 ) ;
    fclose( fp2 ) ;
    return 0;
}
```

提示：

①需要事先准备好 source_1. txt 文件，其中内容任意。

②程序中 source_1. txt 和 target_1. txt 文件保存位置和该程序位置必须一致，按照约定均存放于 D:\file 文件夹下。

试一试：将 fp1 = fopen（" source_1. txt"," r"）改为 fp1 = fopen（" source_1. txt"," w"），运行程序，查看 source_1. txt 和 target_1. txt 文件，分析原因。

2. 字符串读写函数 fgets（）和函数 fputs（）的使用，输入并运行以下程序，查看相关文件，分析运行结果。

```c
#include <stdio. h>
#include <stdlib. h>
int main( )
{
    int i;
    FILE  * fp1, * fp2;
    char a[10];
    if((fp1=fopen("source_2. txt","r"))= =NULL)
        exit(1);
    if((fp2=fopen("target_2. txt","w"))= =NULL)
        exit(1);
    fgets(a,2,fp1);
    for(i=0;i<8;i++)
        fputs(a,fp2);
    puts(a);
    fclose(fp1);
    fclose(fp2);
    return 0;
}
```

提示：运行程序前，需先将准备好的文件 source_2. txt 按约定存放于 D:\file 文件夹下，假设文件中的内容为 hello。

试一试：

①将 fgets（a,2,fp1）；改为 fgets（a,3,fp1）；，运行程序，观察运行情况。

②将 fgets（a,2,fp1）；改为 fgets（a,8,fp1）；，运行程序，观察运行情况。

3. 数据块读写函数 fread（）和函数 fwrite（）的使用，输入并运行以下程序，分析运行结果。

```c
#include <stdio. h>
#include <stdlib. h>
struct student
{
    char name[10];
    int age;
};
int main( )
{
    struct student array[2];
    FILE  *fp;
    int i;
    for(i=0;i<2;i++)
    {
        printf("请输入姓名:");
        scanf("%s",array[i]. name);
        printf("请输入年龄:");
        scanf("%d",&array[i]. age);
    }
    if((fp=fopen("student. dat","w"))= =NULL)
        exit(1);
    fwrite(array, sizeof(struct student),2,fp);
    fclose(fp);
    return 0;
}
```

提示:以"w"方式打开的文件如果不存在会自动建立,即程序运行前不需要准备 student. dat 文件。程序运行后打开 D:\file 文件夹,可以查看 student. dat 文件,由于该文件是二进制文件,因此无法用记事本直接打开。

试一试:编写一个程序通过 fread 函数验证读取 student. dat 文件中的数据,可采用如下语句:

```c
fread(array, sizeof(struct student),2,fp);
```

4. 格式化读写函数 fscanf( )和函数 fprintf( )的使用,输入并运行以下程序,分析运行结果。

```
#include <stdio. h>
#include <stdlib. h>
int main( )
{
    FILE  * fp;
    int i = 2, j = 3, k, n;
    if( ( fp = fopen( "target_4. dat", "w") ) = = NULL)
        exit( 1) ;
    fprintf( fp, "%d\n", i) ;
    fprintf( fp, "%d\n", j) ;
    fclose( fp) ;
    if( ( fp = fopen( "target_4. dat", "r") ) = = NULL)
        exit( 1) ;
    fscanf( fp, "%d%d", &k, &n) ;
    printf( "%d %d\n", k, n) ;
    fclose( fp) ;
    return 0;
}
```

提示:target_4. dat 文件先以"w"的方式打开,然后写,再关闭,再以"r"的方式打开,再读,最后关闭,所以该文件也无须事先准备。由于文件进行了格式化写,所以程序运行结束后,可以用记事本打开 D:\file 文件夹中 target_4. dat 文件查看结果。

试一试:

①将 int i = 2, j = 3, k, n; 改为 float i = 2. 2, j = 3. 3, k, n;,同时,程序中相对应的%d 也均改为%f。

②将 int i = 2, j = 3, k, n; 改为 char i = 'a', j = 'b', k, n;,同时,程序中相对应的%d 也均改为%c。

思考:为什么不能成功地读入两个字符?

【实验 10-2】文件操作程序的修改与调试

1. 编写一个程序,由键盘输入任意一个字符(以连着的 3 个小写字符 bye作为结束的标志),将所有字符(包括 bye)写入新建的文件 target_5. txt 中。

实验步骤:

(1)设计程序结构,参考以下伪代码。

```
#include <...> //包含所需的头文件
int main( )//主函数入口
{
    定义并初始化变量;
    以写的方式打开文件;
    循环输入字符,直到遇到' bye ';
    关闭文件;
    return 0;
}
```

（2）根据题目要求设计要定义的变量及其初始值,写出完整的程序代码。

（3）编译运行程序,观察结果并判断正误,如有错误请改正,直到正确为止。

下面给出参考程序代码:

```
#include <stdio. h>
#include <stdlib. h>
#include <string. h>
int main( )
{
    FILE  * fp;
    char ch,ch1 = ' ',ch2 = ' ',ch3 = ' ';
    if( ( fp = fopen( " target_5. txt" ," r" ) ) = = NULL)
    {
        exit( 1) ;
    }
    while( ( ch = getchar( ) )  !  = EOF)
    {
        fputc( ch,fp) ;
        ch1 = ch2;ch2 = ch3;ch3 = ch;
        if( ch1 = = ' b ' || ch2 = = ' y ' || ch3 = = ' e ')
        {
            break;
        }
    }
    fclose( fp) ;
    return 0;
}
```

提示:在调试程序的过程中,要注意文件的打开方式,注意以连着的 3 个小写字符 bye 作为循环结束标志应该如何设置。

2. 已知文件 target_6.txt 已写入 A 到 Z 共 26 个大写字母,设计程序结构,逆序输出 26 个字母。

实验步骤:

(1)编译执行如下代码将 A 到 Z 共 26 个大写字母写入 target_6.txt 中。

```c
#include <stdio. h>
#include <stdlib. h>
int main( )
{
    char letter;
    FILE  * fp;
    if( ( fp = fopen( "target_6. txt" , "w+" ) ) = = NULL)
        exit( 1) ;
    for( letter = 'A';letter < = 'Z';letter++)
        fputc( letter,fp) ;
    fclose( fp) ;
    return 0;
}
```

(2)设计程序结构,参考以下伪代码。

```
#include <...>
int main( )
{
    定义并初始化变量;
    打开 target_6. txt 文件;
    位置指针定位到最后一个字符位置;
    for( 循环 26 次)
    {
        读出字符;
        在屏幕上输出一个字符;
        位置指针往前移动一个字节;
    }
    关闭文件;
    return 0;
}
```

（3）编译运行程序，观察结果并判断正误，如有错误请改正，直到正确为止。
下面给出参考程序代码：

```
#include <stdio. h>
#include <stdlib. h>
int main( )
{
    char letter;
    int i;
    FILE  * fp;
    if( ( fp = fopen( "target_6. txt" , "r" ) ) = = NULL)
        exit( 1 );
    fseek( fp, 0, SEEK_END );
    for( i = 0; i<26; i++)
    {
        letter = fgetc( fp );
        putchar( letter );
        fseek( fp, -1, SEEK_CUR );
    }
    fclose( fp );
    return 0;
}
```

提示：
① 执行一次 fgetc 函数，位置指针向后移动一个字节。
② fseek( fp, 0, SEEK_END )使文件指针指向文件的结束符而不是最后一个字符。

【实验 10-3】文件操作程序填空

下面程序的功能是将文件 target_7_a. txt（其中存有 "aceg"）和 target_7_b. txt（其中存有"bcdfh"）的内容合并，合并后仍然保持字符的有序排列（即成为"abccdefgh"），并存入文件 target_7_c. txt 中。但程序不完整，请补充并调试该程序，使之正确并写出调试过程。

```
#include <stdio. h>
int main( )
{
    FILE * p1, * p2, * p3;
```

```
    char c1,c2;
    if((p1=fopen("target_7_a. txt","r"))= =NULL)
        exit(1);
    if((p2=fopen("target_7_b. txt","r"))= =NULL)
        exit(1);
    if((p3=_____)= =NULL)
        exit(1);
    c1=fgetc(p1);
    c2=fgetc(p2);
    while(! feof(p1)&&! feof(p2))
    {
        if(c1<c2)
        {
            fputc(c1,p3);
            c1=fgetc(p1);
        }
        else
        {
            _____;
        }
    }
    while(! feof(p1))
    {
        fputc(c1,p3);
        c1=fgetc(p1);
    }
    while(_____)
    {
        fputc(c2,p3);
        c2=fgetc(p2);
    }
    fclose(p1);
    fclose(p2);
    fclose(p3);
    return 0;
}
```

运行程序后打开 target_7_c. txt,查看文件内容。

**【实验 10-4】提高性实验**

1. 编写程序,实现从键盘上读入 5 名学生的数据(包括姓名、年龄、三门课的分数),然后求出每人的平均分数,用 fprintf 函数将学生姓名和平均分数输出到磁盘文件 stud. dat 中,再用 fscanf 函数从该文件中读出数据显示在屏幕上。

(1)实验步骤与提示。

① 需要定义以下结构体变量用于存放学生信息。

```
struct student
{
    char name[10];
    int age;
    float score[3];
};
```

②首先以读写的方式打开 stud. dat 文件。

③可以用 scanf 函数循环输入 5 个学生的信息并将学生信息用 fprintf 函数保存在文件中。

④使指针回到文件首,读出信息并显示。

(2)程序的参考结构。

```
#include <...>//包含所需的头文件
int main( )
#define N 5
struct student
{
    char name[10];
    int age;
    float score[3];
} stud[N];
int main( )
{
    定义变量;
    以读写的方式打开文件 stud. dat;
    循环地输入 5 个学生的姓名年龄以及三门课的分数;
    计算平均分;
    写入文件;
```

```
    使文件指针回到文件头输出文件的内容;
    关闭文件;
    return 0;
}
```

提示:对于输入 5 个学生信息的可以参考如下代码。

```
for(i=0;i<N;i++)
{
    scanf("%s",stud[i].name);//输入学生姓名
    scanf("%d",&stud[i].age);//输入学生年龄
    sum=0;
    for(j=0;j<3;j++)
    { //输入学生三门课分数
        scanf("%f",&stud[i].score[j]);
        sum+=stud[i].score[j];
    }
    fprintf(p,"%-10s%10.1f\n",stud[i].name,aver);
}
```

(3)实验的提高。

①将上题 stud.dat 文件中的数据按平均分由高到低进行排序,将已排好序的数据存到磁盘文件 stud_1.dat 中。

②分析与提示:用读的方式打开 stud.dat 取得学生信息存放到数组中,然后排序(可选择一种排序算法,如冒泡排序法),最后用写的方式打开 stud_1.dat 文件保存排序结果。

提示:冒泡排序法参考以下程序段:

```
for (j=0;j<N-1;j++)
{
    for (i=0;i<N-1-j;i++)
    {
        if(stum[i].aver < stum[i+1].aver)
        {
            temp = stum[i];
            stum[i]=stum[i+1];
            stum[i+1] = temp;
        }
    }
}
```

③为提高读写速度,可试着将程序改为用函数 fread( )和 fwrite( )进行读写,避免二进制和 ASCII 码文件的转换。

分析与提示:fread( )与 fwrite( )语句可写为如下形式。

```
fread(&s[i],sizeof(structs student),1,fp);
fwrite(&s[i],sizeof(structs student),1,fp);
```

【实验 10-5】综合、设计性实验

要求建立文件存储银行账户信息,其中每个用户账户信息中要求保存账号、登录密码、用户姓名、账户金额等。完成以下主要功能:

- 录入新账户。
- 显示所有账户信息。
- 查找账户,根据输入的账号查询用户情况和账户金额。
- 删除账户,根据输入的账号找到要删除的账号信息以后,经确认后删除该账号信息。

(1)定义结构体用来存放账户信息。

```
typedef struct BankAccount
{
    int account;
    int key;
    char name[10];
    float balance;
}   BANKACCOUNT;
```

(2)设计菜单。

欢迎进入账户管理系统

1:录入新账户

2:显示所有账户信息

3:查找账户

4:删除一个账户

5:退出

(3)设计全局变量,用来存放数据。

BANKACCOUNT accountCollection[MAXACCOUNT];    //用于存放从文件中取得的所有账户信息

int curAccount = 0;//用于记录文件中存放的账户数

(4)定义函数,参考以下伪代码。

①定义函数录入新账户。

```
void InsertAccount(FILE * fp)
{
    定义 BANKACCOUNT 型变量用于存放录入信息;
    录入信息(账户号/密码/姓名/金额);
    将位置指针定位到文件尾;
    在文件中写入录入信息;
}
```

②定义函数读取所有账户信息。

```
void GetAccount(FILE * fp)
{
    定义并初始化相关变量;
    将位置指针定位到文件头;
    while(未到文件尾)
    {
        从文件中读账户信息(账户号/密码/姓名/金额);
        将读取信息保存到数组 accountCollection 中;
        账户数 curAccount 加 1;
    }
}
```

③定义函数显示所有账户信息。

```
void ListAccount(FILE * fp)
{
    输出共计账户数 curAccount-1;
    for(i=0;i<curAccount-1;i++){
        输出所有账户信息(账户号/密码/姓名/金额);
    }
}
```

④定义查找账户函数。

```
int SearchAccount(FILE * fp,int accountnum)
{
```

```
    for(i=0;i<curAccount-1;i++)
    {
        if(当前账户是要查找的账户)
        {
            输出该账户信息(账户号/密码/姓名/金额);
            return 1; //找到了
        }
    }
    return 0;//未找到
}
```

⑤定义删除账户函数。

```
void DelAccount(FILE *fp,int accountnum)
{
    if(找不到) 显示查无此账户;
    else
    {
        for(i=0;i<curAccount-1;i++)
        {
            if(不是要删除的账户)
            向文件写入该账户信息(账户号/密码/姓名/金额);
        }
        显示删除成功;
    }
}
```

⑥定义主函数。

```
int main()
{
    定义并初始化相关变量;
    do{
        显示可选菜单;
        输入选择;
        switch(i)
        {
            case 1:
```

```
                追加方式打开文件;
                调用 InsertAccount 函数;
                关闭文件;
                break;
        case 2:
                读的方式打开文件;
                调用 GetAccount 函数;
                调用 ListAccount 函数;
                关闭文件;
                break;
        case 3:
                输入要查找的账户号;
                以读的方式打开文件;
                调用 GetAccount 函数;
                if(没找到)显示查无此账户;
                关闭文件;
                break;
        case 4:
                输入要删除的账户号;
                以读的方式打开文件;
                调用 GetAccount 函数;
                关闭文件;
                以写的方式打开文件;
                调用 DelAccount 函数;
                关闭文件;
                break;
        default: break;
    }
} while(i! =5);
return 0;
}
```

（5）主函数参考代码。

```
#include <stdio. h>
#include <stdlib. h>
#include <string. h>
#include <conio. h>
```

```
#define MAXACCOUNT 1000
…
int main( ) {
    FILE  * fp;
    int accountnum;
    int i;
    do {
        system("cls"); //清屏
        puts("欢迎进入账户管理系统");
        puts("1:录入新账户");
        puts("2:显示所有账户信息");
        puts("3:查找账户");
        puts("4:删除一个账户");
        puts("5:退出");
        printf("请输入你的选择:");
        scanf("%d",&i);
        system("cls"); //清屏
        switch(i) {
            case 1:
                if(! (fp=fopen("account. txt","a+"))) exit(1);
                InsertAccount(fp);
                printf("按任意键继续……\n");
                getch();
                fclose(fp);
                break;
            case 2:
                if(! (fp=fopen("account. txt","r"))) exit(1);
                GetAccount(fp);
                ListAccount(fp);
                fclose(fp);
                printf("按任意键继续……\n");
                getch();
                break;
            case 3:
                printf("请输入要查找的账户:\n");
                scanf("%d",&accountnum);
                if(! (fp=fopen("account. txt","r"))) exit(1);
```

```
                    GetAccount(fp);
                    if(! SearchAccount(fp,accountnum))
                            printf("查无此账户:%d\n",accountnum);
                    fclose(fp);
                    printf("按任意键继续……\n");
                    getch();
                    break;
                case 4:
                    printf("请输入要删除的账户:\n");
                    scanf("%d",&accountnum);
                    if(! (fp=fopen("account. txt","r"))) exit(1);
                    GetAccount(fp);
                    fclose(fp);
                    if(! (fp=fopen("account. txt","w+"))) exit(1);
                    DelAccount(fp,accountnum);
                    fclose(fp);
                    printf("按任意键继续……\n");
                    getch();
                    break;
                default: break;
                }
            }while(i! =5);
            return 0;
        }
```

## 三、常见错误说明

1. 文件读写操作完成后,不关闭文件。不关闭文件将使程序耗尽操作系统提供的文件资源,最终使包含文件操作的应用程序无法运行。

2. 文件的读写操作与打开方式不符。程序对文件的读写操作方式与打开方式不符,使得文件的读写操作失败。例如:

```
FILE  *fp;
int a;
fp=fopen("tt. dat","wb");//创建文件准备写入
fscanf(fp,"%c",&a);//读取数据,操作失败
```

3. 文件打开方式字符顺序错乱。在文件的打开方式字符串中有两类字符,

一类是操作类型符,如 w、r、a,另一类是文本类型符,如 t、b。操作类型符在前,文本类型符在后;文本类型符省略表示为文本文件。例如:

```
FILE  * fp;
fp = fopen( " tt. dat" ," bw" )
```

# 实验 11  预处理命令

## 一、实验目的与要求

1. 了解预处理命令的概念及其处理过程。
2. 掌握不带参数的宏和带参数的宏的定义及使用方法。
3. 掌握文件包含的概念及使用方法。
4. 掌握条件编译的概念、用途及使用方法。

## 二、实验内容与步骤

【实验 11-1】宏定义阅读实验

1. 不带参数的宏定义。

阅读下面程序,先判断结果,再运行程序并输入数据,验证判断的正误。假定从键盘上输入"2.5,5<回车>",程序的输出结果是_____。

```
#include <stdio. h>
#define PI 3. 14
#define F " %6. 2f\n"
int main( )
{
    float r,h,sq,vq,vz;
    printf( " enter r,h:" ) ;
    scanf( "%f,%f" ,&r,&h) ;     //输入圆半径 r 和圆柱高 h
    sq=4 * PI * r * r;                 //计算圆球表面积 sq
    vq=3. 0/4 * PI * r * r * r;         //计算圆球体积 vq
    vz=PI * r * r * h;                 //计算圆柱体积 vz
    printf( "圆半径和圆柱高分别为:\n" ) ;
    printf( F F,r,h) ;
    printf( "圆球表面积、圆球体积、圆柱体积分别为:\n" ) ;
    printf( F F F,sq,vq,vz) ;
    return 0;
}
```

2. 带参数的宏定义。

阅读下面程序，先判断结果，再运行程序并输入数据，验证判断的正误。假定从键盘上输入"3<回车>"，程序的输出结果是_____。

```
#include <stdio. h>
#define SUM(x) 6.99+x
#define PRT(y) printf("%d\n",(int)(y))
int main()
{
    float x;
    printf("enter x:");
    scanf("%f",&x);
    PRT(SUM(x)*x);
    return 0;
}
```

试一试：将程序第 2 行的宏定义字符串"6.99+x"外加上圆括号，改为"(6.99+x)"，判断结果，运行程序验证判断的正误。

【实验 11-2】文件包含阅读实验

阅读下面程序，先判断结果，再运行程序并输入数据，验证判断的正误。

1. 将实验 11-1 第 2 小题中的宏定义保存为源程序文件 file1. c，main 函数保存为源程序文件 file2. c，并放在同一文件夹下，编译后运行，假定从键盘上输入"3<回车>"，程序的输出结果是_____。

```
//文件 1:file1. c
#define SUM(x) 6.99+x
#define PRT(y) printf("%d\n",(int)(y))

//文件 2:file2. c
#include <stdio. h>
#include "file1. c"
int main()
{
    float x;
    printf("enter x:");
    scanf("%f",&x);
    PRT(SUM(x)*x);
    return 0;
}
```

试一试:将文件 1 保存为头文件 file1. h,在文件 2 中将相应文件包含命令改为#include "file1. h",运行程序观察结果。

2. 将以下两个函数分别保存为头文件 file1. h 和源程序文件 file2. c,并放在同一文件夹下,编译后运行,假定从键盘上输入"1,2,3<回车>",程序的输出结果是_____。

```
//文件 1:file1. h
int add( int x,int y,int z)
{
    int m;
    m=x+y+z;
    return m;
}


//文件 2:file2. c
#include <stdio. h>
#include "file1. h"
int main( )
{
    int a,b,c,s;
    printf("请输入三个整数:");
    scanf("%d,%d,%d",&a,&b,&c);
    s=add(a,b,c);
    printf("the sum is %d\n",s);
    return 0;
}
```

试一试:

①在 file2. c 中,将#include <stdio. h>改为#include" stdio. h",程序能正常编译运行吗? 如果将#include "file1. h"改为#include <file1. h>呢? 为什么?

②将文件 1 保存为源程序文件 file1. c,在文件 2 中将相应文件包含命令改为#include "file1. c",程序能正常编译运行吗? 为什么?

【实验 11-3】条件编译阅读实验

阅读下面程序,先判断结果,再运行程序并输入数据,验证判断的正误。假定从键盘上输入"5<回车>",程序的输出结果是_____。

```
#include <stdio. h>
#define UP 0
int main( )
{
    int n,i;
    printf( "enter n:" );
    scanf( "%d" ,&n);
    #if UP
        for(i=1;i<=n;i++)
            printf( "%d " ,i);
    #else
        for(i=n;i>=1;i--)
            printf( "%d " ,i);
    #endif
    return 0;
}
```

试一试：

①将条件编译命令"#if"改为"#ifdef"，判断结果，运行程序验证判断的正误。

②将条件编译命令"#if"改为"#ifndef"，判断结果，运行程序验证判断的正误。

③修改 UP 的定义为 2,判断结果,运行程序验证判断的正误。

**【实验 11-4】提高性实验**

利用宏定义编写程序,实现以下功能:求用 1、2、3、4 四个数字能组成多少个无重复数字的三位数并输出这些三位数。

(1)实验步骤与提示。无重复数字的三位数即个、十、百位上的数字互不相同。根据题目要求,个、十、百位上的数字可以是 1、2、3、4 中的其中一个,要输出这些数可以一位一位地进行比较确定。

①定义三个整型变量 i、j、k 分别存放百位、十位、个位的数字,用三重循环嵌套的 for 语句控制 i、j、k 的值分别从 1 变化到 4,以产生三位数的所有排列组合。

②判断 i、j、k 的值,若互不相同,则输出由 i、j、k 组成的此三位数。可定义宏代表判断 i、j、k 互不相同的表达式及输出三位数的格式串,如:

```
#define DIFF (i! =j && i! =k && j! =k)
#define D "%d%d%d"
```

③要统计满足条件的三位数的个数,还需定义一个整型变量 n 进行计数,当有一个满足条件的三位数输出则 n 的值加 1,最后循环结束后输出 n 的值。

（2）参考如下代码段。

```
for(i=1;i<5;i++)
    for(j=1;j<5;j++)
        for(k=1;k<5;k++)
        {
            if DIFF
            {
                n++;
                printf(D,i,j,k);
            }
        }
```

**【实验 11-5】**综合、设计性实验

利用宏定义和条件编译命令编写程序,使程序可根据给定的条件分别实现求任意输入的两个正整数的最小公倍数或者最大公约数的功能。

（1）分析与提示。

①定义宏 L,利用#if 命令检测 L 的值,若为真则程序实现求最小公倍数的功能,否则实现求最大公约数的功能。

②求任意两个正整数的最小公倍数即要求出一个最小的能同时被两个整数整除的自然数。设计思路:首先对输入的两个正整数进行排序,使 m 中存放大数、n 中存放小数;循环变量 i 从大数 m 开始递增直到出现第一个能同时被两个整数整除的自然数为止,输出此 i 值并用 break 结束循环。

③求任意两个正整数的最大公约数即求出一个能同时整除两整数的最大自然数,这个自然数必不大于两整数中的任何一个。设计思路:首先对输入的两个正整数进行排序,使 m 中存放大数、n 中存放小数;循环变量 i 从小数 n 开始递减直到出现第一个能同时整除两整数的自然数为止,输出此 i 值并用 break 结束循环。

（2）参考如下代码段。

```
#define L 1
#define SWAP(t,x,y) {t=x;x=y;y=t;}
```

```
#define LCM(a,b,c)  a%b==0&&a%c==0
#define GCD(a,b,c)  b%a==0&&c%a==0
…
if(m<n)   SWAP(t,m,n)
#if L
    for(i=m; ;i++)        //求最小公倍数
        if(LCM(i,m,n))    //判断 i 是否能同时被 m 和 n 整除
        {
            printf("The LCM of %d and %d is:%d\n",m,n,i);
            break;
        }
#else
    for(i=n;i>0;i--)    //求最大公约数
        if(GCD(i,m,n))    //判断 i 是否能同时整除 m 和 n
        {
            printf("The GCD of %d and %d is:%d\n",m,n,i);
            break;
        }
#endif
```

(3)试一试。

①将条件编译命令#if 改为 if 语句,比较二者的区别。

②用函数实现求最小公倍数和最大公约数,比较带参数的宏定义和函数的区别。

# 附录 A　常用字符与 ASCII 码值对照表

| ASCII值 | 字符 | 控制字符 | ASCII值 | 字符 | ASCII值 | 字符 | ASCII值 | 字符 | ASCII值 | 字符 | ASCII值 | 字符 | ASCII值 | 字符 | ASCII值 | 字符 |
|---|---|---|---|---|---|---|---|---|---|---|---|---|---|---|---|---|
| 000 | (null) | NUL | 032 | (space) | 064 | @ | 096 | ` | 128 | Ç | 160 | á | 192 | └ | 224 | α |
| 001 | ☺ | SOH | 033 | ! | 065 | A | 097 | a | 129 | ü | 161 | í | 193 | ⊥ | 225 | β |
| 002 | ☻ | STX | 034 | " | 066 | B | 098 | b | 130 | é | 162 | ó | 194 | ┬ | 226 | γ |
| 003 | ♥ | ETX | 035 | # | 067 | C | 099 | c | 131 | â | 163 | ú | 195 | ├ | 227 | π |
| 004 | ♦ | EOT | 036 | $ | 068 | D | 100 | d | 132 | ä | 164 | ñ | 196 | ─ | 228 | Σ |
| 005 | ♣ | ENQ | 037 | % | 069 | E | 101 | e | 133 | à | 165 | Ñ | 197 | ┼ | 229 | σ |
| 006 | ♠ | ACK | 038 | & | 070 | F | 102 | f | 134 | å | 166 | ª | 198 | ╞ | 230 | μ |
| 007 | (beep) | BEL | 039 | ' | 071 | G | 103 | g | 135 | ç | 167 | º | 199 | ╟ | 231 | τ |
| 008 | □ | BS | 040 | ( | 072 | H | 104 | h | 136 | ê | 168 | ¿ | 200 | ╚ | 232 | Φ |
| 009 | (tab) | HT | 041 | ) | 073 | I | 105 | i | 137 | ë | 169 | ⌐ | 201 | ╔ | 233 | Θ |
| 010 | (line feed) | LF | 042 | * | 074 | J | 106 | j | 138 | è | 170 | ¬ | 202 | ╩ | 234 | Ω |
| 011 | ♂ | VT | 043 | + | 075 | K | 107 | k | 139 | ï | 171 | 1/2 | 203 | ╦ | 235 | δ |
| 012 | ♀ | FF | 044 | , | 076 | L | 108 | l | 140 | î | 172 | 1/4 | 204 | ╠ | 236 | ∞ |
| 013 | | CR | 045 | – | 077 | M | 109 | m | 141 | ì | 173 | ¡ | 205 | ═ | 237 | φ |
| 014 | ♫ | SO | 046 | 。 | 078 | N | 110 | n | 142 | Ä | 174 | 《 | 206 | ╬ | 238 | ε |
| 015 | ☼ | SI | 047 | / | 079 | O | 111 | o | 143 | Å | 175 | 》 | 207 | ╧ | 239 | ∩ |
| 016 | ► | DLE | 048 | 0 | 080 | P | 112 | p | 144 | É | 176 | ▒ | 208 | ╨ | 240 | ≡ |
| 017 | ◄ | DC1 | 049 | 1 | 081 | Q | 113 | q | 145 | æ | 177 | ▓ | 209 | ╤ | 241 | ± |
| 018 | ↕ | DC2 | 050 | 2 | 082 | R | 114 | r | 146 | Æ | 178 | █ | 210 | ╥ | 242 | ≥ |
| 019 | ‼ | DC3 | 051 | 3 | 083 | S | 115 | s | 147 | ô | 179 | │ | 211 | ╙ | 243 | ≤ |
| 020 | ¶ | DC4 | 052 | 4 | 084 | T | 116 | t | 148 | ö | 180 | ┤ | 212 | ╘ | 244 | ⌠ |
| 021 | § | NAK | 053 | 5 | 085 | U | 117 | u | 149 | ò | 181 | ╡ | 213 | ╒ | 245 | ⌡ |
| 022 | ■ | SYN | 054 | 6 | 086 | V | 118 | v | 150 | û | 182 | ╢ | 214 | ╓ | 246 | ÷ |
| 023 | ↨ | ETB | 055 | 7 | 087 | W | 119 | w | 151 | ù | 183 | ╖ | 215 | ╫ | 247 | ≈ |
| 024 | ↑ | CAN | 056 | 8 | 088 | X | 120 | x | 152 | ÿ | 184 | ╕ | 216 | ╪ | 248 | ° |
| 025 | ↓ | EM | 057 | 9 | 089 | Y | 121 | y | 153 | Ö | 185 | ╣ | 217 | ┘ | 249 | ● |
| 026 | → | SUB | 058 | : | 090 | Z | 122 | z | 154 | Ü | 186 | ║ | 218 | ┌ | 250 | · |

（续）

| ASCII 值 | 字符 | 控制 字符 | ASCII 值 | 字符 | ASCII 值 | 字符 | ASCII 值 | 字符 | ASCII 值 | 字符 | ASCII 值 | 字符 | ASCII 值 | 字符 | ASCII 值 | 字符 |
|---|---|---|---|---|---|---|---|---|---|---|---|---|---|---|---|---|
| 027 | ← | ESC | 059 | ; | 091 | [ | 123 | { | 155 | ¢ | 187 | ┐ | 219 | ■ | 251 | √ |
| 028 | ∟ | FS | 060 | < | 092 | \ | 124 | \| | 156 | £ | 188 | ┘ | 220 | ▬ | 252 | ∏ |
| 029 | ↔ | GS | 061 | = | 093 | ] | 125 | } | 157 | ¥ | 189 | ┘ | 221 | ▌ | 253 | z |
| 030 | ▲ | RS | 062 | > | 094 | ∧ | 126 | ~ | 158 | Pt | 190 | ┘ | 222 | ▐ | 254 | ■ |
| 031 | ▼ | US | 063 | ? | 095 | — | 127 | DEL | 159 | ƒ | 191 | ┐ | 223 | ▬ | 255 | （blank） |

# 附录 B  运算符的优先级与结合性

| 优先级 | 运算符 | 名称及功能 | 类　型 | 结合性 |
|---|---|---|---|---|
| 1 | ( )<br>[ ]<br>-><br>. | 圆括号<br>下标运算符<br>成员运算符<br>结构体成员运算符 | 初等运算符 | 左结合 |
| 2 | !<br>~<br>+<br>−<br>（类型）<br>++<br>--<br>*<br>&<br>sizeof | 逻辑非<br>按位取反<br>正号<br>负号<br>强制类型转换<br>自增<br>自减<br>取内容<br>取地址<br>求字节数 | 单目运算符 | 右结合 |
| 3 | *<br>/<br>% | 乘法<br>除法<br>取余数 | 算术运算符 | 左结合 |
| 4 | +<br>− | 加法<br>减法 | | |
| 5 | <<<br>>> | 按位左移<br>按位右移 | 位运算符 | 左结合 |
| 6 | ><br>>=<br><<br><= | 大于<br>大于或等于<br>小于<br>小于或等于 | 关系运算符 | 左结合 |
| 7 | = =<br>! = | 等于<br>不等于 | | |
| 8 | & | 按位与 | | |
| 9 | ^ | 按位异或 | 位运算符 | 左结合 |
| 10 | \| | 按位或 | | |

（续）

| 优先级 | 运算符 | 名称及功能 | 类　型 | 结合性 |
|---|---|---|---|---|
| 11 | && | 逻辑与 | 逻辑运算 | 左结合 |
| 12 | \|\| | 逻辑或 | | |
| 13 | ?: | 条件运算 | 三目运算符 | 右结合 |
| 14 | =、+=、-=、*=、<br>/=、%=、&=、^=、<br>\|=、<<=、>>= | 赋值运算 | 双目运算符 | 右结合 |
| 15 | , | 逗号运算 | 双目运算符 | 左结合 |

# 附录 C  C 语言的常用库函数

**1. 输入输出函数**  在使用输入输出字符函数时,源文件中应写入以下编译预处理命令:

#include <stdio. h> 或 #include " stdio. h"

| 函数名 | 函数原型 | 功　能 | 说　明 |
|---|---|---|---|
| clearerr | void clearerr( FILE ＊ fp); | 清除文件指针的错误标志 | |
| close | int close( int fp); | 关闭文件 | 非 ANSI 标准函数 |
| creat | int creat ( char ＊ filename, int mode); | 以 mode 所指定的方式建立文件 | 非 ANSI 标准函数 |
| eof | int eof( int ＊ fd); | 检测文件是否结束 | |
| fclose | int fclose( FILE ＊ fp); | 关闭 fp 所指的文件,释放文件缓冲区 | |
| feof | int feof( FILE ＊ fp); | 检查文件是否结束 | |
| fgetc | int fgetc( FILE ＊ fp) | 从 fp 所指的文件中读取下一字符 | |
| fgets | char ＊ fgets( char ＊ buf, int n, FILE ＊ fp); | 从 fp 所指的文件中读取 n-1 个的字符串,存入起始地址为 buf 的空间中 | |
| fopen | FILE ＊ fopen( char ＊ filename, char ＊ mode); | 以 mode 方式打开名为 filename 的文件 | |
| fprintf | int fprintf ( FILE ＊ fp, char ＊ format[ , argument, . . . ] ); | 传送格式化输出到一个流中 | |
| fputc | int fputc( int ch, FILE ＊ fp); | 将 ch 的字符写入 fp 所指文件 | |
| fputs | int fputs( char ＊ string, FILE ＊ fp); | 输出字符串到一个流中 | |
| fread | int fread ( char ＊ ptr, unsigned size, unsigned n, FILE ＊ fp); | 从 fp 所指的文件中读取长度为 size 的 n 个数据,存入 fp 所指向的内存区 | |
| fscanf | int fscanf ( FILE ＊ fp, char ＊ format, args, . . . ); | 从 fp 所指的文件中按 format 指定的格式读入数据,存入 args 所指向的内存区 | |

（续）

| 函数名 | 函数原型 | 功　　能 | 说　　明 |
|---|---|---|---|
| fseek | int fseek( FILE ＊ fp, long offset, int origin )； | 将 fp 所指的文件的位置指针移动到以 base 所给出的位置为基准,以 offset 为位移量的位置 | |
| ftell | long ftell( FILE ＊ fp )； | 返回当前文件指针 | |
| fwrite | int fwrite ( char ＊ ptr, unsigned size, unsigned n, FILE ＊ fp )； | 将 ptr 所指的 n×size 字节写入 fp 所指的文件中 | |
| getc | int getc( FILE ＊ fp )； | 从 fp 所指的文件中取字符 | |
| getchar | int getchar( void )； | 从标准输入设备中读取字符 | |
| getw | int getw( FILE ＊ fp )； | 从 fp 所指的文件中读取一整数 | 非 ANSI 标准函数 |
| open | int open ( char ＊ filename, int mode )； | 以 mode 的方式打开一个已存的文件用于读或写 | 非 ANSI 标准函数 |
| printf | int printf( char ＊ format, args, … )； | 产生格式化输出的函数 | formate 可以是一个字符串,或字符数组的起始地址 |
| putc | int putc( int ch, FILE ＊ fp )； | 输出一字符到指定文件中 | |
| putchar | int putchar( int ch )； | 将字符 ch 输出到标准设备上 | |
| puts | int puts( char ＊ string )； | 将字符串输出到标准设备上 | |
| putw | int putw( int w, FILE ＊ fp )； | 将一个整数写入指定的文件中 | 非 ANSI 标准函数 |
| read | int read ( int fd, char ＊ buf, unsigned count )； | 从 fp 指定的文件中读 count 个字节到 buf 指定的缓冲区 | 非 ANSI 标准函数 |
| rename | int rename ( char ＊ oldname, char ＊ newname )； | 重命名文件 | |
| rewind | int rewind( FILE ＊ fp )； | 将文件指针重新指向一个文件的开头 | |
| scanf | int scanf( char ＊ format, args, … ] )； | 执行格式化输入 | args 为指针 |
| write | int write ( int fd, char ＊ buf, unsigned count )； | 从 buf 指定的缓冲区中输出 count 字符到 fd 所指定的文件中 | 非 ANSI 标准函数 |

**2. 数学函数**　使用数学函数时,在源文件中应写入以下编译预处理命令行:

#include <math. h> 或 #include " math. h"

| 函数名 | 函数原型 | 功　能 | 说　明 |
|---|---|---|---|
| abs | int abs( int x); | 求整数 x 的绝对值 | |
| acos | double acos( double x); | 反余弦函数 | x 应在 − 1 到 1 范围内 |
| asin | double asin( double x); | 反正弦函数 | x 应在 − 1 到 1 范围内 |
| atan | double atan( double x); | 反正切函数 | |
| atan2 | double atan2( double y, double x); | 计算 y/x 的反正切值 | |
| cos | double cos( double x); | 余弦函数 | x 的单位为弧度 |
| cosh | double cosh( double x); | 双曲余弦函数 | |
| exp | double exp( double x); | 指数函数 | |
| fabs | double fabs( double x); | 计算浮点数的绝对值 | |
| floor | double floor( double x); | 取最大整数 | |
| fmod | double fmod( double x, double y); | 计算 x/y 的余数 | |
| log | double log( double x); | 对数函数 lnx | |
| log10x | double log10( double x); | 对数函数 logx | |
| modf | double modf( double value, double * iptr); | 把数分为整数部分和小数部分 | 整数部分存储在指针变量 iptr 中, 返回小数部分 |
| pow | double pow( double x, double y); | 指数函数, 即 $x^y$ | |
| rand | int rand( void); | 随机数发生器 | |
| sin | double sin( double x); | 正弦函数 | |
| sinh | double sinh( double x); | 双曲正弦函数 | |
| sqrt | double sqrt( double x); | 平方根函数 | |
| tan | double tan( double x); | 正切函数 | |
| tanh | double tanh( double x); | 双曲正切函数 | |

**3. 字符函数和字符串函数**　使用字符函数和字符串函数时, 在源文件中应写入以下编译预处理命令行:

#include < ctype. h >

#include < string. h >

| 函数名 | 函数原型 | 功    能 | 说    明 |
|---|---|---|---|
| isalnum | int isalnum(int ch); | 判断 ch 是否为英文字母或数字 | ctype. h |
| isalpha | int isalpha(int ch); | 判断 ch 是否为字母 | ctype. h |
| iscntrl | int iscntrl(int ch); | 检查 ch 是否为控制字符 | ctype. h |
| isdigit | int isdigit(int ch); | 判断 ch 是否为数字(0~9) | ctype. h |
| isgraph | int isgraph(int ch); | 检查 ch 是否为可打印字符(不含空格) | ctype. h |
| islower | int islower(int ch); | 检查 ch 是否为小写字母(a~z) | ctype. h |
| isprint | int isprint(int ch); | 检查 ch 是否为可打印字符(含空格) | ctype. h |
| ispunct | int ispunct(int ch); | 检查 ch 是否为标点字符 | ctype. h |
| isspace | int isspace(int ch); | 检查 ch 是否为空格符 | ctype. h |
| isupper | int isupper(int ch); | 检查 ch 是否为大写英文字母(A~Z) | ctype. h |
| isxdigit | int isxdigit(int ch); | 检查 ch 是否为 16 进制的数字 | ctype. h |
| strcat | char * strcat(char * dest, const char * src); | 将字符串 src 添加到 dest 末尾 | string. h |
| strchr | char * strchr(const char * s, int c); | 检索并返回字符 c 在字符串 s 中第一次出现的位置 | string. h |
| strcmp | int strcmp(const char * s1, const char * s2); | 比较字符串 s1 与 s2 的大小 | string. h |
| strcpy | char * strcpy(char * dest, const char * src); | 将字符串 src 复制到 dest | string. h |
| strlen | unsigned int strlen(char * str); | 求字符串 str 的长度 | string. h |
| strstr | char * strstr(char * str1, char * str2); | 找出 str2 字符串在 str1 字符串中第一次出现的位置 | string. h |
| tolower | int tolower(int ch); | 将 ch 的大写英文字母转换成小写英文字母 | ctype. h |
| toupper | int toupper(int ch); | 将 ch 的小写英文字母转换成大写英文字母 | ctype. h |

**4. 动态存储分配函数**　使用字符函数时,在源文件中应写入以下编译预处理命令行：

#include <stdlib. h>

| 函数名 | 函数原型 | 功　能 | 说　明 |
|---|---|---|---|
| calloc | void ＊ calloc( unsigned n , unsign size ) ; | 分配主存储器 | |
| free | void free( void ＊ p ) ; | 释放 p 所指的内存空间 | |
| malloc | void ＊ malloc( unsigned size ) ; | 分配 size 字节的连续内存空间 | 或 #include < malloc. h> |
| realloc | void ＊ realloc ( void ＊ ptr, unsigned newsize ) ; | 重新分配内存空间 | |

# 参 考 文 献

陈显刚,2007. C 语言程序设计[M]. 北京:北京理工大学出版社.

戴晟晖,冯志强,2017. 从零开始学 C 语言[M]. 3 版. 北京:电子工业出版社.

方风波,2006. C 语言程序设计[M]. 北京:地质出版社.

冯博琴,贾应智,2003. 二级 C 语言程序设计考题解析与实战模拟[M]. 北京:人民邮电出版社.

黄成兵,2013. C 语言项目开发教程[M]. 北京:电子工业出版.

李丽娟,2009. C 语言程序设计教程习题解答与实验指导[M]. 2 版. 北京:人民邮电出版社.

李丽娟,2013. C 语言程序设计教程实验指导与习题解答[M]. 4 版. 北京:人民邮电出版社.

李玲,2005. C 语言程序设计教程习题解答与实验指导[M]. 北京:人民邮电出版社.

李朱峰,2010. Linux2.6 嵌入式系统开发与实践[M]. 北京:北京航空航天大学出版社.

刘艺,许大琴,万福,2008. 嵌入式系统设计大学教程[M]. 北京:人民邮电出版社.

吕凤,2006. C 语言程序设计习题解答与上机指[M]. 北京:清华大学出版社.

全国计算机等级考试命题研究中心,2011. 全国计算机等级考试考点分析、题解与模拟[M]. 北京:电子工业出版社.

苏小红,2002. C 语言程序设计教程[M]. 北京:电子工业出版社.

孙力,2009. C 语言程序设计实验指导与习题解答[M]. 北京:中国农业出版社.

孙力,2013. C 语言程序设计教程实验指导[M]. 北京:中国农业出版社.

谭浩强,1997. C 程序设计指导试题汇编[M]. 北京:清华大学出版社.

谭浩强,1999. C 程序设计[M]. 2 版. 北京:清华大学出版社.

谭浩强,2000. C 语言程序设计题解与上机指导[M]. 北京:清华大学出版社.

谭浩强,2005. C 语言程序设计题解与上机指导[M]. 3 版. 北京:清华大学出版社.

谭浩强,2010. C 程序设计[M]. 4 版. 北京:清华大学出版社.

谭浩强,2010. C 程序设计学习辅导[M]. 4 版. 北京:清华大学出版社.

谭浩强,2006. C 语言习题集与上机指导[M]. 北京:高等教育出版社.

潭浩强,2008. C 程序设计[M]. 3 版. 北京:清华大学出版社.

潭浩强,2009. C 程序设计[M]. 北京:清华大学出版社.

田淑清,2010. 全国计算机等级考试二级教程:C 语言程序设计(2011 版)[M]. 北京:高等教育出版社.

田淑清,2014. 全国计算机等级考试二级教程:C 语言程序设计(2015 年版)[M]. 北京:高等教育出版社.

田淑清,2015. 全国计算机等级考试二级教程:C 语言程序设计(2016 年版)[M]. 北京:高等教育出版社.

王敬华,2006. C 语言程序设计教程习题解答与实验指导[M]. 北京:清华大学出版社.

王立武,2009. C 语言程序设计习题集[M]. 北京:清华大学出版.

夏涛,2007. C 语言程序设计实验指导[M]. 北京:北京邮电大学出版社.

熊化武,2007. 全国计算机等级考试考点分析、题解与模拟[M].北京:电子工业出版社.

颜晖,2008. C 语言程序设计实验指导[M]. 北京:高等教育出版社.

颜晖,张泳,2015. C 语言程序设计实验与习题指导[M]. 3 版. 北京:高等教育出版社.

张莉,2011. C 程序设计案例教程[M]. 北京:清华大学出版社.

Herbert Schildt,1994. ANSI C 标准详解[M]. 北京:学苑出版社.

Stephen Prata,2005. C Primer Plus [M]. 5 版(中文版). 北京:人民邮电出版社.

图书在版编目（CIP）数据

C语言程序设计教程实验指导/吴国栋主编．—北
京：中国农业出版社，2018.1（2024.6重印）
普通高等教育农业部"十三五"规划教材　全国高等
农林院校"十三五"规划教材
ISBN 978-7-109-23575-5

Ⅰ.①C…　Ⅱ.①吴…　Ⅲ.①C语言-程序设计-高等
学校-教学参考资料　Ⅳ.①TP312.8

中国版本图书馆 CIP 数据核字（2018）第 004087 号

中国农业出版社出版
（北京市朝阳区麦子店街 18 号楼）
（邮政编码 100125）
责任编辑　朱　雷　李　晓
文字编辑　刘金华

北京中兴印刷有限公司印刷　新华书店北京发行所发行
2018 年 1 月第 1 版　2024 年 6 月北京第 5 次印刷

开本：720mm×960mm 1/16　印张：9.75
字数：169 千字
定价：18.50 元
（凡本版图书出现印刷、装订错误，请向出版社发行部调换）